持續做愛不會老

婦產科名醫 解碼

男女更年期的荷爾蒙危機及解救之道

愛麗生醫療集團院長
潘俊亨 醫師／著

Contents

前言 6

推薦序 **王馨世** 前長庚大學臨床醫學研究所所長暨教授 8

蘇聰賢 新竹馬偕紀念醫院院長 9

林燕卿 樹德科技大學人類性學研究所所長 11

自序 12

CH 1 更年期妳不可不知 *15*

更年期不可怕 16

怎麼會這樣？──更年期的生理機轉 20

荷爾蒙與女性的關係 24

預防更年期不適，妳可以這樣做 32

運動可以抗老化 34

更年期過後尤其要注意三高問題 37

CH 2　更年期的麻煩真不少 *39*

怎麼減還是胖？ ···································· *40*

失眠真痛苦！ ······································ *46*

骨質疏鬆好危險 ·································· *49*

怎麼都提不起性致？ ···························· *53*

滴滴答答尿失禁 ·································· *58*

不愛動，肌少症就上身 ························ *66*

憂鬱悄悄來襲 ···································· *69*

CH 3　正視男性更年期 *73*

被忽略的男性更年期 ···························· *74*

如何認定男性更年期？ ························ *77*

常見的男性更年期疾病 ························ *82*

如何預防男性更年期不適？ ·················· *88*

女性對男性更年期的正確認識 ·············· *90*

Contents

CH 4 更年期的解方 ——荷爾蒙療法 *95*

荷爾蒙療法的效用 ··· *96*
哪些人需要荷爾蒙療法？ ····································· *98*
適合乳癌患者的荷爾蒙療法 ································ *100*
解開服用荷爾蒙會增加乳癌的迷思！ ··············· *105*
荷爾蒙補充用藥怎麼用效果最好？ ··················· *108*
荷爾蒙療法的副作用 ·· *112*
不適用荷爾蒙的替代療法 ··································· *113*
天然荷爾蒙——大豆異黃酮 ······························ *116*
讓女性充滿活力的睪固酮 ··································· *117*

CH 5 更年期也可以很性福 *123*

被社會壓抑的更年期女性性慾 ···························· *124*
生活壓力讓中年男人愈來愈不行！ ··················· *126*
睪固酮是男女兩性點燃性衝動的火種 ··············· *131*
性愛讓人更年輕 ··· *133*
缺乏性生活將導致婚姻危機 ······························· *136*
50歲以後的性愛技巧 ·· *147*
女性應該活到老做愛到老 ··································· *150*

CH 6 　更年期性愛Q&A *153*

- 如何增強女人的性慾望？·······*154*
- 女性更年期後性趣缺缺，想拒絕丈夫的求愛又恐傷·······*155* 害夫妻感情，怎麼辦？
- 50歲以後還應該有性生活嗎？·······*156*
- 50歲以後如何重拾性歡愉？·······*157*
- 性生活一定要有性交行為嗎？·······*158*
- 我老公50歲，最近性慾突然消退很多？該怎麼辦？·······*159*
- 我丈夫60歲，事業平順，夫妻間感情一直很好，我·······*161* 最近發現他做愛時經常無法勃起，只好草草收場。 我雖然溫柔的安慰他，但仍然無法消除他的挫折感 ，該怎麼辦？
- 我跟先生都已經50多歲，因為有年紀了，性生活對·······*162* 我來說已是可有可無，但先生性慾依然很旺盛，還 鼓勵我要多做愛，這樣正常嗎？
- 為什麼更年期後的男人性能力已經大幅衰退，還是·······*163* 會想要和女人做愛？
- 為什麼女人可以接受與年輕10歲以上的男人做愛？·······*163*
- 如何避免女性因性交疼痛而逃避性愛？·······*164*

　　停經不表示女人的青春結束，反而是另一個青春時光的開始！

　　這時，女人不再每個月有惱人又造成諸多不便的月經來潮的困擾，也不需再擔心月經是否不規則，及為如何避孕煩心，原本每個月都要煩惱的問題，從此以後雲消霧散。

　　兒女也已經長大，媽媽不必再為上學接送孩子勞心勞力，也少了對他們衣食的費心，大多數女性也逐漸淡出職場，沒了工作的煩人事落得一身輕鬆，且在經歷了數十年的努力之後，多少存了點下半輩子生活的本錢，原以為舒心的日子就要到來，但呈現在眼前的卻是另一個留白、需要精心去填滿的時光。

　　在醫學科技發達的現代，屆齡更年期，面對生活不應該是另一段煩惱的開始，女人應該把未來二、三十年的時間當作生命中第二個青春期，讓日子過得充實而快樂，把臨老的心境轉變成為歡欣迎接樂齡生活的到來，開始參與外界的活動、養成運動的習慣、結識新朋友，或是和老朋友多聯繫，相約聚餐、出遊，單身的人，不妨來一場黃昏戀。

　　女人，更年期後不應該日日等待衰老，而是要努力抗衰老，而且不只要努力抗衰老，還要走對方向，用對方法。

　　網路科技發達，正確的、不正確的資訊鋪天蓋地在各媒體、各資訊平台日以繼夜地傳播，很多人偏聽、誤信，用了錯誤的方法，枉費了許多金錢，更甚者還傷害了健康，甚至成為錯誤資訊不斷流傳的幫兇，尤其是關於使用荷爾蒙療法易導致乳癌的錯誤觀念，讓許多更年期女性寧願忍受身體的不適，也不願接受這項療法，甚至不願就醫。

醫學科技發展日新月異，荷爾蒙對人體的作用幾乎已全面解密，不管是內源性或外源性，現代人都能更好地運用它來讓中老年生命更美好，而這也是這本書出版的目的，希望人們對更年期有正確的認識，對更年期的不適能更好地去克服，且不只幫助自己，還要幫助另一半，甚至是身邊同齡的朋友，實行且告知他人正確的觀念，讓更年期不再意味著青春的終止，而是第二個青春期的開始。

　　這本書詳細描述了50歲以上的民眾常常會經歷到的症狀與困擾，及更年期的種種症狀，這些很多都是我們身體逐漸老化、荷爾蒙分泌減少所誘發而產生的，症狀的嚴重程度，或多或少會影響更年期以後的健康、情緒與心境。

　　50歲以後，無論男女，體力、精力逐漸衰退，性功能也變差，都與荷爾蒙分泌減少有關！夫妻間的關係是否融洽？是否幸福美滿？與性的協調有密切相關。

　　50歲以後，若能了解性以及如何改善性功能在婚姻關係中所扮演的角色，可以大大提升人生後半階段的身心健康，與生活的和諧與樂趣。

　　要如何來發現自己的問題所在？可以藉由抽血檢測，並與醫師討論諮詢，針對特定的問題給予特定的療法，以期改善體力、活力與生活品質，本書提供了詳細的建議與目前可行的治療方案。

　　潘俊亨醫師非常用心關懷民眾的健康與生活品質，在忙碌的行醫歲月裡，仍抽空收集資料，撰寫成書，與大眾分享，造福人群，令人敬佩！

　　祝福更年期以後的民眾，藉由這本書所提供的資訊，可以活得健康、活得快樂、活得自在、活得有尊嚴。

王馨世

前長庚大學臨床醫學研究所所長暨教授

　　日前接到老朋友潘俊亨醫師電話，要我幫他的新書寫序，我當然義不容辭答應，但拿到稿子後赫然發現新書名為《持續做愛不會老》，著實讓我嚇了一跳！因為「性」這部分並不是我的專長領域，但在閱覽完新書書稿之後，發現書內的主要內容是描述更年期的機轉及生理障礙造成的症狀、自我檢視的步驟及提供解決良方，其中，亦針對國人隱晦不好意思提及的性功能生理及障礙加以敘述。本書從基礎的生理概念開始，到提供解決的方法，是一本日常生活當中，跟人人自身生理生活息息相關的一本工具書，但又不像工具書那麼艱澀難懂。

　　更年期如同「生老病死」，是每人都會經歷的一個過程，只是更年期的變化是自微漸著、由小變大，最後才顯示出問題。因此大部分的人會忽略它的存在，等到發現問題時，已過「保養」或「預防」的階段。有了這本書，可自我對照其中的檢視資訊，進而自我調適。

　　一般坊間談及更年期的書籍，大多著重在女性荷爾蒙的變化及其相關問題。本書針對男性更年期的障礙詳細敘述，這是大家應該重視卻常忽略的問題。基本上，男性給人的傳統形象應該是「堅強的」，但男性也有軟弱的時候；本書強調「堅強的男人也應該被瞭解」，尤其是他的另一半。

　　由於男性激素分泌漸減造成的障礙是由微漸著，不像女性變化那麼大，也因此，讓台灣男性的生理甚至於心理行為的改變常常疏於被關注，然而，有些媒體報導的社會事件，犯嫌的行為偏差是否是男性更年期的變化相關所造成，是值得深入探討的問題。

在生物界，「性」是繁衍下一代必要的行為，縱然「性」與自身健康之關聯未必是最重要的一環，但卻是代表健康的高階指標之一。雖然現今社會文明已開放，但在東方傳統社會中，「性」的相關探討仍受到壓抑。「性」應該是人類生活的一部分，如同吃飯、睡覺一樣重要。本書以應用生理出發，闡述健康性的概念，提出建議，幫助人們解決問題，避免落入神秘甚而道聽塗說的錯誤認知中。

　　潘醫師出身名門世家，也是婦產科名醫，除了婦產科、月子中心等本業有優秀成就外，本身亦從事公托等公益事業，令人佩服的是，在繁忙的本業之外，潘醫師也是一個醫療資訊的多產作家。在行醫之餘還能著書立言，為大眾提供「預防勝於治療」的健康資訊，以臻「上醫預防於無形」，站在醫療同業的立場，特別推崇他對民眾醫療教育之貢獻，樂為之序。

蘇聰賢

新竹馬偕紀念醫院院長

　　從人生旅程來看，貫穿全脈是「性」，人的出生離不開性交與生殖。兒童時期對性的好奇、探索，青少年時期的懷春、渴望戀愛與約會，青中年執行戀愛、結婚，到中老年的退休，但仍有性愛的渴望與需求，只是文化、規範、道德或身體的不適捆綁了對性愛的持續與實踐。其實，性愛的延續，不只帶來身體的健康，並且更增進彼此間親密的關係，可是仍有許多人只將性愛當成繁衍下一代的目的，任務完成後便停止性愛，並可能藉各種理由拒絕、排斥，實為可惜。

　　潘院長除了履行醫療的專業，將醫學知識付諸於書籍，教導大眾重要的相關知識外，更將性愛方面的知能進行推廣。很高興能有醫界的潘院長一起加入這塊領域，分享正確的知識，破除迷思。

　　本書共分六章，從男女性更年期的緣由與現象告知，進而說明如何解決處理這些困擾，最後強調被多數人遺忘甚至停止的回春能力──性愛。每個章節的內容都詳細易懂且實用。

　　我非常樂意推薦這本書給關係已經很好的人，藉由本書能增加情趣、性趣，也給正在徬徨、不知所措的人執行性愛的理由與信心，恢復昔日的能量，再創一個不同昨日的自己。

林燕卿

樹德科技大學人類性學研究所講座教授兼所長
暨應用社會學院院長

　　人類壽命延長，作為醫生，我們必須開始重視荷爾蒙治療的成效。女人如是，男人又何嘗不是如此。

　　但長期以來，荷爾蒙治療普遍被污名化。我常從患者口中聽到「吃荷爾蒙會不會致癌？」的質疑，有更年期女性即使顏面嚴重潮紅、夜間大量出汗，致一個晚上要換好幾次睡衣而嚴重失眠，建議她接受荷爾蒙療法，仍有可能遭到拒絕！以更年期常見症狀來說，其實最需要擔心的是停經後骨質疏鬆、心血管與罹患癌症的風險皆會升高。臺灣女性平均停經年齡為49.8歲，以平均壽命82歲來看，有長達30年的時間身體是處在缺乏荷爾蒙的狀態，使得更年期後要面對種種健康上的衝擊。

　　更年期對男人和女人而言不是臨老期，而是第二個青春期的開始，更年期後應該更積極抗衰老。**一直以來，教導人服用各種維生**

素、做各式各樣的健身運動，已經蔚為抗老風潮，但抗衰老的關鍵因素——荷爾蒙，卻沒有被充分重視。

　　譬如女性多攝食含鈣質食物來預防骨質疏鬆的做法已經相當普遍，但很多人不知道的是，甲基雄性素合併雌激素可以更有效抑制骨骼被吸收，有效防止骨質流失、提升骨質密度，若同時補充荷爾蒙效果會更好；又更年期女性以雄性激素與雌激素合併使用的療法，已經被證實能使有更年期症狀的女性變得更樂觀進取，更有活力，荷爾蒙不只能改善失眠及陰道乾澀的問題，還能有效提高性慾，有助增進夫妻感情，維繫家庭幸福。

　　目前社會對荷爾蒙的補充治療幾乎把大多數的注意力放在女性身上，事實上，檢視及補充荷爾蒙對更年期男性同等重要，可是男性問題至今好像未獲得普遍的重視。男性對於老化的認識及治療似乎仍較多關注在性能力上，其實雄性激素不只關係到性能力，還與代謝症候群的發生息息相關。所以本書也特別介紹男性荷爾蒙對更年期男性身心健康的重要性，並提醒男人從50歲開始應該每年進行體內睪固酮濃度血液檢測，如果睪固酮濃度低於300ng/dL，應該在醫師指導下持續補充男性荷爾蒙。

　　且男人在50歲過後，一般來說，經過前面30年的職場拼搏，多少已經蓄積了一些努力的成果，可以稍微放鬆過生活了，往後除

了維護身體健康，性能力和性慾望也是夫妻感情持續不墜的重要因素，所以，為了幸福生活著想，男人及女人都應該正視更年期後性愛和諧的問題，如果你有相關問題，不妨在醫師的指示下使用荷爾蒙療法，它能為你們締造幸福快樂美滿的生活。

本書能夠完成，要感謝前長庚大學臨床醫學研究所所長王馨世教授，他長期研究更年期醫學，也出版過多本暢銷專著，本書內容有許多便是與王教授切磋請益所得；還要感謝樹德科技大學人類性學研究所所長林燕卿，她是性學研究專家，多次在學術場合與她互動，感佩她長期對正確性愛觀念的推動，書中也諸多引用林教授對於中老年人如何延續性生活的建議，相信能對讀者有所受用。

當老年社會來臨，人類壽命延長，銀髮生涯，將因有性愛而更美好。

更年期
妳不可不知

從30歲以後，人體荷爾蒙開始減少分泌，一旦進入更年期，降低的速度更為加快。女性更年期大約始於45～55歲，以台灣人平均壽命80.7歲計（男性77.5歲，女性84歲），表示人們有三分之一的人生將在更年期以後度過。所以，對於更年期你怎麼能不知道得更多一點！

更年期不可怕

當更年期來臨，女性卵巢功能開始衰竭，不再週期性地排卵，月經次數逐漸減少，也變得不規則，最後出現不再有月經的停經現象，這段生殖機能逐漸降低到完全喪失的停經前後過度期，即稱為更年期，這段期間由於荷爾蒙分泌不足，約有八成的女性會出現一些更年期的不適症狀，稱為更年期症候群。

在生理方面，會出現包括熱潮紅、盜汗、暈眩、胸悶、心悸、陰道乾澀、性交疼痛、頻尿、尿失禁、腰酸背痛、關節痛及骨質流失等症狀；在心理方面，則有焦慮不安、煩躁、情緒不穩定、失眠、憂鬱、易怒、心情低落、記憶力衰退及注意力不集中等情形。這些症狀不一定都會出現，每種症狀出現的時間、輕重程度及發作頻率也因人而異。

更年期症狀通常在3～5年內會消失，大部分女性的更年期症狀屬於輕微，約25％的人較為嚴重，且因個人體質及耐受度不同，對

更年期症狀的忍受程度也有所差異。然而更年期是女性生命的必經過程，不是疾病也不是失調，一般而言不需要進行治療，不過若經歷更年期時在生理、心理或情緒上的變化太大，及至嚴重影響到日常生活，則可使用藥物加以舒緩或治療。

● 更年期三階段

　　更年期可分為前、中、後三個時期，每個時期可能會面臨不同的困擾及症狀。

　　1.前期，約45～50歲：這時，體內荷爾蒙濃度開始改變，月經週期變得不規則，可能出現乳房疼痛、睡眠品質變差、熱潮紅、盜汗、性慾降低等情形。但女性這時仍有排卵，還是有可能懷孕。

　　2.中期，約50～55歲：卵巢不再排卵，月經完全停止，女性荷爾蒙濃度大幅減少，尿道、陰道彈性下降，容易出現頻尿、漏尿、陰道乾澀等情形，熱潮紅、睡眠障礙也相當常見，還可能出現憂鬱、焦慮、易怒等情緒變化。

　　3.後期，約60～65歲：除了熱潮紅、夜間盜汗等常見情形外，還會因骨質快速流失而導致骨質疏鬆，使駝背、骨折的風險升高，也由於新陳代謝速率變慢，體重會逐漸增加；此外，女性停經後罹患心血管疾病的風險也會增加，需要密切注意血壓、血脂、血糖等三高問題。

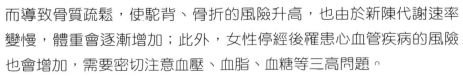

●更年期女性常見症狀

1.心血管方面：熱潮紅、盜汗、暈眩、失眠、頭痛等。

2.皮膚老化：因皮下組織及水分減少，使得表皮易萎縮、失去光澤。

3.陰道、尿道：尿道炎及頻尿、尿失禁、陰道搔癢、刺痛、性交疼痛等。

4.月經異常：經期變得不規則，月經量變成很多或很少，最終停經。

5.骨質疏鬆：腰酸背痛、關節痛、骨折、駝背、身高變矮等。

6.毛髮：毛髮的成長週期大幅縮短，使得出現易掉落、稀疏、變白等情形。

7.精神方面：憂鬱、情緒不穩、煩躁不安、記憶力減退、注意力不集中等。

更年期自我檢測量表

「完全沒有」計0分，「輕度」計1分，「中度」計2分，「重度」計3分。

將每項症狀所對應程度的分數相加，得出總分：

・如果總分不到10分，可能是其他原因引起的身體不適。

・如果總分為10分或10分以上，說明妳已經到了更年期。

・如果總分在15分以上，表示妳可能有了更年期綜合症，應儘快到醫院做全面檢查，以確保身體各項功能可以正常運作。

症狀	完全沒有	輕度	中度	重度
心跳變快或變明顯				
精神易緊繃或緊張				
睡眠障礙				
靜不下心				
心神不寧				
注意力難以集中				
容易感覺疲倦				
對大多數事物失去興趣				
覺得不快樂或憂鬱				
情緒低落，易感動、易哭泣				
易發怒				
覺得頭暈或有快暈倒的感覺				
頭部感覺緊繃或有壓力				
皮膚有蟻行感或刺痛感				
頭痛				
肌肉關節酸痛				
四肢感覺變遲鈍或較不靈敏				
呼吸困難				
熱潮紅 （忽熱忽冷、臉紅或冒汗）				
夜間盜汗				
性慾低落				

怎麼會這樣？
——更年期的生理機轉

　　更年期又稱絕經期，是指女性不會再有月經，同時也表示將永久失去生育能力。更年期通常發生在45～55歲之間，多數女性在49～52歲之間進入更年期；更年期前期一般持續7年（有時可達14年），直到完全絕經。

　　醫學上通常認為停經是指女性至少12個月沒有來月經，且前提是女性有子宮、沒有懷孕也沒有哺乳的情形，若是天生或是經手術切除子宮的女性，可由血液檢查高濃度促卵泡激素（FSH）來判定是否已經停經。從生理的角度來看，更年期是因為卵巢內的荷爾蒙（雌激素和孕激素）分泌量下降所造成，因此，藉由測量血液或尿液中的荷爾蒙分泌量也可確診。

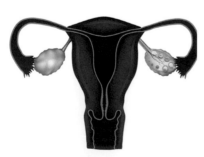
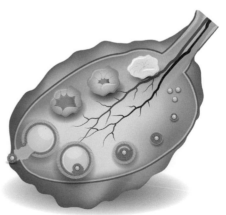

卵巢負責排卵及
分泌女性荷爾蒙

在更年期前期，月經週期會開始出現變化，可能出現較短的週期（較原來少2～7天），也有可能維持或出現較長的週期，或是會有月經週期不規則的情形，如量較少、較多、有點狀出血等，由於女性在進入更年期時會伴隨體內荷爾蒙分泌的變化，因此常會出現功能失調性子宮出血，但點狀出血或異常出血也可能只是和陰道萎縮、良性瘤（例如瘜肉或病變）有關，或是和功能性子宮內膜反應有關。

更年期前期月經週期雖然出現變化，但仍有可能是規律的，例如從每月來一次變成雙月或每季來一次，而這時期體內荷爾蒙濃度會開始出現波動，可能會有一些月經週期不排卵，所以要定義更年期的起點，一般會用最後一次月經來潮的時間作為依據。

更年期來臨前，女性的生理週期常會變得不規律，也就是經期長短或經血量會發生變化，這時女性常會出現間隔性的熱潮感，每次出現一般會持續30秒～10分鐘，並伴有臉部潮紅、流汗與皮膚泛紅等情形，這種熱潮感的症狀通常會持續1～2年；其他症狀還包括陰道乾燥、失眠、情緒變化等，但症狀輕重因人而異。

另外，儘管更年期被認為與增加罹患心血管疾病的機率有關，但這些疾病的發生原因較可能與年齡增長有直接關係，與更年期為次要關係；而一些患有子宮內膜異位症或經痛的女性，通常在更年期後這些症狀會有所好轉。

女性在停經後卵巢會開始變得不活躍，而沒有了月經一般會視為生育能力終結，不過女性在停經的前幾年受孕機率其實已經很低，但仍有可能懷孕；如同女性在停經後其生殖激素雖持續下降，但仍保持分泌，因此像熱潮紅等生殖激素分泌不足的效應，可能還需要幾年才會完全消失。

切除子宮與荷爾蒙分泌減少，都可視為更年期的起點。對於手術切除子宮但仍保有卵巢的女性，更年期是否到來還可依卵巢的雌激素分泌能力有否下降來判定，手術切除子宮後，更年期症狀一般會提前發生，平均年齡大約是45歲。

還要提醒妳，若在停經後陰道出現類似經血的分泌物，即使只是點狀，都有可能是子宮內膜癌的症狀，必須保持警覺，並就醫確認情況。

●吸菸及過瘦都可能導致更年期提早到來

更年期雖是人體正常的生理轉變，但吸菸及過瘦都可能會使更年期提早到來，通常會提早1～3年，其他會使更年期提前發生的原因還包括移除兩側卵巢的手術，或是某些類型的化療等。

更年期不煩惱小百科

因切除子宮或卵巢導致
的「手術更年期」

　　女性若曾接受保留卵巢的子宮切除術，更年期一般
會較預期時間提早3.7年。若是手術切除兩側卵巢則會
立即造成更年期出現，因為卵巢切除造成的更年期稱為
「手術更年期」，這類手術常和輸卵管切除術或子宮切
除術一起進行。手術後因性激素突然下降且完全歸零，
常會造成嚴重的戒斷症狀，例如熱潮紅、盜汗等；若只
做子宮切除術但仍保留卵巢，就不會立刻造成更年期。

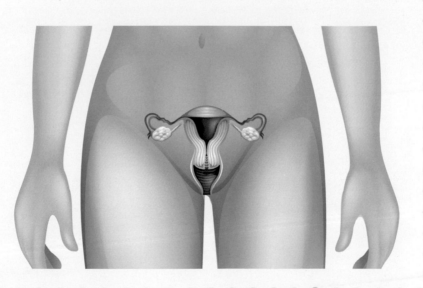

荷爾蒙與女性的關係

　　女性荷爾蒙可分為雌激素和黃體素兩種，都是由卵巢分泌的荷爾蒙。雌激素讓女人顯現女性性徵，包括胸部變大、身形顯得圓潤、肌膚較細膩、聲音較尖細等，此外，它也具有令血管及骨骼更強健等促進健康的功效；黃體素則是協助女性懷孕的荷爾蒙，亦稱為孕激素，它能使增厚的子宮內膜維持受精卵容易著床的狀態、讓懷孕過程得以持續，及提升體溫的效果，但它也會引起水腫、便秘、肌膚粗糙等令人不適的症狀。雌激素與黃體素相互作用，促成月經、懷孕與生產等一連串女性獨有的生理機轉。

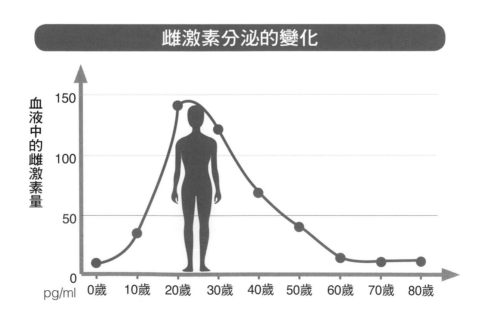

雌激素分泌的變化

血液中的雌激素量（pg/ml）：0歲、10歲、20歲、30歲、40歲、50歲、60歲、70歲、80歲

雌激素

　　塑造女人味的荷爾蒙，使女性有月經，並可以懷孕、生育，讓肌膚與毛髮更柔嫩，還能守護骨骼與血管、降低壞膽固醇/增加好膽固醇、安定自律神經、維持記憶力等認知功能。

黃體素

　　懷孕必需的荷爾蒙，它能使子宮內膜增厚，更利於受精卵著床，使受孕機率增加，也會使體溫稍微提高。

　　無論男女，體內都會分泌男性荷爾蒙與女性荷爾蒙，只是女性體內的女性荷爾蒙較多、男性荷爾蒙較少，而男性體內則是男性荷爾蒙較多、女性荷爾蒙較少。性荷爾蒙除了擔負生殖的任務，對於皮膚、體型及毛髮的型態及性慾望等，都有非常關鍵的影響。

　　女性身體的男性荷爾蒙主要有三種來源：卵巢、腎上腺及週邊組織（皮膚的毛囊皮脂腺），抽取血液中的雄性激素可當作測量卵巢分泌雄性激素的參考指標。

●荷爾蒙由卵巢分泌，卻是由大腦下指令

　　女性體內的荷爾蒙雖然是由卵巢分泌，但分泌荷爾蒙的指令其實是來自大腦。

　　大腦的下視丘是管理體內所有荷爾蒙分泌的總部，它會分泌一種促性腺素釋素（Gonadotropin-Releasing Hormone，GnRH），接著下視丘下方的腦下垂體就會分泌濾泡激素（follicle-stimulating hormone，FSH）與黃體生成素（luteinizing hormone，LH），這

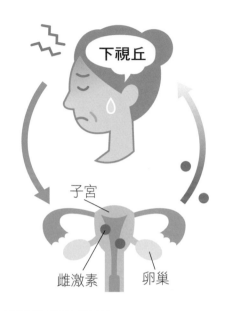

下視丘

子宮

雌激素　　卵巢

些荷爾蒙會隨著血液傳送到卵巢，刺激卵巢分泌雌激素與黃體素。

　　卵巢分泌荷爾蒙的同時，會傳遞有關荷爾蒙分泌狀態的信息給大腦，同樣也是藉由血液把卵巢所分泌出的荷爾蒙狀況回饋給大腦，大腦會以此來做判斷，如果主人體內荷爾蒙的濃度高了，就抑制濾泡激素與黃體生成素的分泌，如果感覺分泌的量還不夠，就會讓卵巢多分泌一點荷爾蒙。就是這樣的原理，讓女性體內的荷爾蒙在正常情形下能維持均衡的狀態。

　　年輕女性如果出現亂經，有可能是心理壓力或飲食失衡所導致，因為這些因素使大腦發出的指令無法順利傳達給卵巢；而更年期的亂經多是因為卵巢機能降低，無法順利完成大腦的指令所致。

●女性荷爾蒙的重要任務──月經

　　從初經開始，女性體內的荷爾蒙分泌會逐漸增加，至性成熟期（20～40歲）達到巔峰，這段期間是卵巢機能最活躍、最穩定的時期，40歲以後分泌量會逐漸減少，至更年期後完全停止分泌，即為停經。

　　從月經來潮到下次再訪這段期間稱為「月經週期」，這段期間又可細分為濾泡期（增生期）、排卵期、黃體期（分泌期）、月經期四個階段。

1.濾泡期：此時期雌激素分泌量逐漸增加，子宮內膜隨之增厚，這時的內膜就像柔軟的床墊，使受精卵成功著床的機率增加。

2.排卵期：大腦分泌促進排卵的黃體生成素，促使成熟的濾泡釋放出成熟的卵子。雖然卵巢裡同時會有10幾顆濾泡一起成長，但每次月經通常只會釋放出1顆卵子，即是由最具優勢的濾泡排卵，至於其他濾泡則會自然消失。

3.黃體期：排卵後的濾泡會轉化成黃體組織，除了分泌大量黃體素，也會分泌少量雌激素，而此時子宮內膜會慢慢調整成適合受精卵著床的狀態。受黃體素作用的影響，女性這段期間的體溫會稍微上升，而呈現「高溫期」狀態。

4.月經期：如果卵子未受精、著床的話，月經期就會緊接著來報到。由於黃體素及雌激素的分泌量瞬間下降，導致增厚的子宮內膜開始剝落，並排出體外，即為月經。月經週期因人而異，基本上25～38天都屬正常，若週期短於25天稱為「頻發型月經」，若長於38天稱為「稀發型月經」，而行經期通常為3～7天，若每次經期少於3天為經血過少，若多於7天為經血過多。

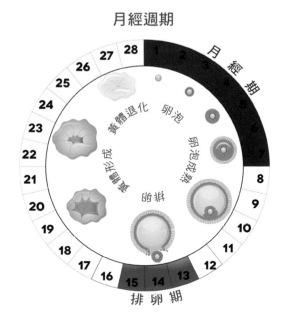

月經週期

月經表現了女性體內荷爾蒙分泌的狀態，當經期出現異常，即表示荷爾蒙作用失調，必須加以注意，女孩們最好能將每次月經週期及狀態予以詳細記錄，以便觀察。

月經週期中，主要有四種荷爾蒙可對女性生理產生作用：

腦下垂體分泌 濾泡刺激素（FSH）	・促進卵巢濾泡成熟
腦下垂體分泌 黃體生成素（LH）	・月經週期中濃度上升可刺激排卵 ・促進卵巢內黃體形成
雌激素	・維持女性性慾 ・促進女性生殖器官成熟 ・刺激造骨細胞作用，減少骨質流失
黃體素	・黃體期時可維持子宮內膜增加的厚度，利於受精卵著床 ・減少子宮收縮，具安胎效果

●月經週期時荷爾蒙是如何變化？

女性月經來潮是體內雌激素濃度最低落的時候，加上經血的困擾，所以心情會比較煩燥，又因為體內雄性激素相對較高，性情會傾向躁動易怒，平日裡的溫柔特質消失，比較接近中性氣質。

到了中期，排卵前後，血液中的雌激素和雄激素同時達到高峰，好像音響調到最大音量，女人的性慾也在此時被推升到最高點。這時腦下垂體會分泌黃體形成激素，促進卵巢的濾泡分泌大量雄性激素，女人會產生想要男人擁抱的慾望。卵子排出後，雄性激素迅即下降，這時的心情將由躁動轉趨平靜。

濾泡變化

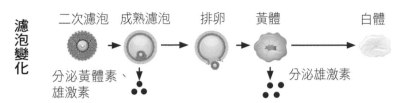

二次濾泡　成熟濾泡　排卵　黃體　白體

分泌黃體素、雄激素

分泌雄激素

荷爾蒙的分泌情形

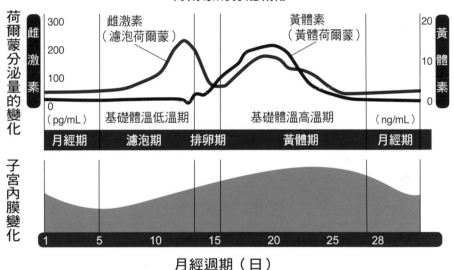

荷爾蒙分泌量的變化

子宮內膜變化

月經週期（日）

●40歲以後女性體內荷爾蒙的變化歷程

　　從生殖年齡晚期，到停經過度期，再到更年期，女性體內荷爾蒙分泌會經歷以下的變化。

　　1.生殖年齡晚期：平均從40歲開始，濾泡期縮短（約為10天左右），黃體期的黃體素減少，生育機率降低。

　　2.停經過度期：一般發生在47歲左右，兩次月經之間的時間延長，變成每40～50天來一次，每次的經血量也會變少。

3.更年期：距離最後一次月經至少12個月，可確認為停經，此後，體內雌激素濃度會漸趨低下。

●女人的生命因為荷爾蒙而多彩多姿

荷爾蒙伴隨女人的一生，從青春期開始，雌激素、雄激素就像樂音悠揚的小提琴和感情豐富的鋼琴協奏曲，跌宕起伏，譜出女人多情善感的樂章。

從初經開始，雌激素使女性乳房開始突出豐滿、臀部開始堆積脂肪，使得身材凹凸有致，皮膚也變得細緻滑嫩、聲線出現上揚尖細的轉變，雄激素也促使女體長出濃黑的體毛，並開始刺激大腦的情慾中樞，使女人產生情慾，開始想要親近男人，得到男人的撫慰，外顯在肢體上便出現婀娜多姿、韻味十足的體態。如果女性體內單單只有雌激素，缺乏雄激素，她便會缺乏性慾，如冰山美人，喪失媚力。

●什麼是環境荷爾蒙？

近年來，許多生態學者、流行病學家、內分泌學家和環境毒理學家，指稱環境中一些具有類似生物體內激素作用之化學物質可能對人類健康與生態造成危害，這些有害物質統稱為環境荷爾蒙（environmental hormone）或內分泌干擾物（endocrine disrupting chemicals），這類物質有類似生物體內荷爾蒙的功能，能抑制其作用，進而改變生物體內免疫、神經與內分泌系統之正常運作，對人類健康可能產生的影響包括：女性乳癌和子宮內膜異常增生、男性前列腺癌及睪丸癌、不正常的性發育、降低男性生育能力、腦下垂

體及甲狀腺功能改變、免疫力抑制和神經行為作用等。

●如何避免環境荷爾蒙對健康造成危害？

飲食上

1.不吃標示不完整的食品。

2.少吃脂肪含量高的食物，如肥肉、內臟類。

3.食用新鮮、未經加工的食物，可減少肝臟代謝負擔。

4.多樣化飲食，避免單一汙染食物帶來的風險。

5.均衡飲食，多吃蔬菜水果、補充綜合維生素，可增強身體的抗氧化能力。

6.避免食用食物鏈較上層的海鮮，如大型海洋魚類。

7.補充足夠的水分，多喝水能有助排毒。

生活上

1.選用有環保認證標章的產品。

2.少用殺蟲劑與化學清潔劑。

3.乾洗溶劑中的過氯乙烯為致癌物，乾洗後的衣物先放在戶外通風後再收納。

4.裝潢時若使用含有甲醛的建材，應保持居家通風，避免毒素累積。

5.吃泡麵時避免使用塑膠或保麗龍製容器。

6.避免使用鉛製自來水管。

7.避免使用塑膠容器、免洗碗筷。

8.維持運動習慣，強度較高的運動更有助於排出體內的毒物。

預防更年期不適，妳可以這樣做

更年期是人生必經歷程，雖不能避免，但以下這些建議可以幫助妳減緩更年期的不適症狀。

1.維持理想體重：規律運動，避免肥胖，有助於穩定自律神經運作，能舒緩更年期帶來的不適感，如游泳、慢跑、騎車、登山等運動皆對更年期後的健康有益。

2.飲食以「少油、少鹽、少糖、多纖維」為原則：少吃高熱量食物，多吃高纖維食物，如青菜、水果、雜糧等，避免吃高熱量、高鹽分、高糖分、高膽固醇的食物，也要少喝含咖啡因或酒精的飲料。

3.以豆類替代肉類：肉類含有的飽和脂肪酸及膽固醇較高，是造成心血管疾病的危險因子，中年以後應減少這類食物的攝取，以豆類取代來滿足身體所需的蛋白質，這樣還可補充植物雌激素。

4.攝取足夠鈣質：為減緩鈣質流失，預防骨質疏鬆，鈣質的攝取要足夠，每天1～2杯奶製品（牛奶、優酪乳、乳酪等），可增加鈣質攝取量，鈣質還有穩定神經的作用，睡前喝一杯熱牛奶有助提升睡眠品質。

5.補充身體必需的營養素

‧維生素B群、維生素C、維生素E可改善面部潮紅及發熱的頻率。

‧維生素B$_6$可減輕沮喪、情緒不安、倦怠等不適。

‧蜂王漿含豐富的泛酸，可增加更年期女性內分泌的穩定性。

‧大豆異黃酮可幫助舒緩女性更年期因雌激素下降引起的不適，如熱潮紅，也有助降低血膽固醇，預防心血管疾病。

6.放鬆心情：生活要勞逸適中，不要太緊張也不要太閒散，多與家人或朋友互動，避免心情鬱悶。

 更年期不煩惱小百科

更年期及停經後該補充
哪些營養素？

熟齡女性應該多補充一些含有植物性異黃酮的食物，如山藥、黃豆（豆漿、豆腐等）、蕃薯、菇蕈類（尤其是香菇和木耳）等；另外，如綜合維生素B群、鐵、鈣或是大豆異黃酮等營養補充品，也可適量補充。

運動可以抗老化

　　更年期女性容易面臨種種生心理狀況，常見包括：失眠、憂慮、情緒不穩、易疲勞、體溫失調、自律神經失調，及因骨質疏鬆所導致的包括關節酸痛、腰酸背痛等，這是因為這時期女性體內荷爾蒙分泌大量減少，直接或間接影響中樞神經系統，導致神經生理的改變而引發神經及精神方面的症狀；此外，荷爾蒙分泌大量改變也會導致體內鈣、磷等微量元素發生變化，而使骨骼代謝狀態改變，讓鈣質的釋出大於吸收，引發骨骼結構鬆散、骨質疏鬆，使得容易發生疼痛甚至骨折。

　　由於醫學科技的發展，人類壽命不斷延長，現今人們在更年期後平均餘命還有30年，所以現代人不只要對抗更年期不適，還要懂

得抗衰老，運動便是實現抗衰老的一帖良方，它能給健康帶來許多好處。

1.強化心肺耐力，不易得呼吸道及心臟方面疾病，抵抗疲勞的能力也能提升，讓日常生活更有精神。

2.規律運動可調節體內生理作用，促進各項內分泌正常化，例如：促進血糖利用、健全消化機能、使神經功能正常、自律神經規律等。

3.促進全身血液循環，將營養帶到各身體組織，並迅速將新陳代謝的廢物排出體外，提升人體抵抗疲勞的能力。

4.可直接或間接改變中樞神經系統，產生正向性神經傳導物質，使人身心愉悅，避免發生憂鬱、焦慮等情緒。

5.強化免疫功能。

6.藉由壓力刺激骨骼組織，誘導新骨質形成。

7.改善睡眠品質。

● 運動要點在「規律，持久，成為習慣」

人會老是因為細胞老化，但細胞是怎樣衰老的？人類的染色體末端有一小段端粒體，科學家發現，每一次細胞分裂，端粒體就會變短，因此細胞愈年輕端粒體愈長，細胞愈老化端粒體就逐漸變短，當端粒體太短時細胞便不再分裂，接著細胞就會衰老且瀕臨死亡。

研究發現，運動能防止細胞核內染色體的端粒體縮短，防止老化，延長細胞壽命！但如何運動才能有效促進健康，抵抗衰老呢？有人一開始運動時興致勃勃，但缺乏毅力，不到一個月就不了了之，虎頭蛇尾；或是興致高昂時非常投入運動，缺乏興致時就草草

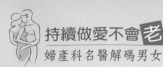

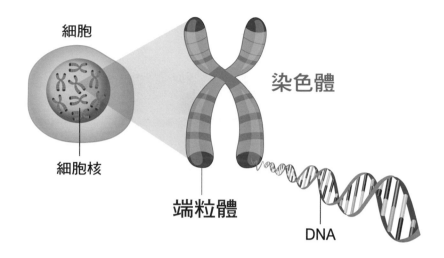

細胞

細胞核

染色體

端粒體

DNA

了事，兩者都沒辦法達成運動健身的效果。有效運動的要點在「規律，持久，成為習慣」，而這必須靠意志堅定且持之以恆才行，但只要養成習慣就會如同上癮一般，習慣就會逼使妳每天定時去執行，否則就會渾身不對勁。

那什麼樣的運動適合更年期女性呢？其實只要能方便且利於持之以恆去執行的運動就適合，如快走或慢跑都方便易行，如果住家附近有游泳池，游泳也很好，在健身房接受教練的指導持續適當強度的重訓也可以，但不要做太激烈的運動，例如快跑或高強度的騎車，那會使心臟負荷過大，對健康反而有害。

持之以恆地運動才能收效，最理想的狀態是每日至少30～60分鐘，每週至少三次。如果體力無法一次持續30～60分鐘，可採用「少量多餐」的方式，將運動在一天中分成多個時段，等體能漸增強後再逐漸調整至一次持續運動。一旦建立起運動習慣，就能達到保健養生的目的。

更年期過後尤其要注意三高問題

　　女性血壓與男性相比較為偏低，那是因為雌激素有擴張血管的作用，所以年輕女性較不易罹患高血壓，但是40歲過後，女性體內的雌激素分泌開始減少，血管彈性跟著變差，血壓也就慢慢上升，因此更年期容易出現血壓不穩定的情況。

　　沒有了雌激素的保護，使得女性在更年期過後血壓、血糖與血脂都容易飆高，形成三高情況，還會成為腦中風與心臟病的高發族群，根據統計，女性因為心臟病、糖尿病、腦血管疾病及高血壓性疾病的死亡率，在停經後每5年以接近一倍的速度上升。

另外，男性在50、60歲以前罹患三高的族群比女性多，但是在中年過後，女性和男性罹患三高的比例就差不多，尤其是更年期過後，女性出現三高共病的現象很普遍，幾乎有半數糖尿病患都有血壓與血脂偏高的現象。

最新研究指出，女性更年期高血壓與熱潮紅也有相關，出現熱潮紅症狀的人比起未出現的人更容易罹患高血壓，且對吸菸者的影響更為明顯；另外，懷孕時血壓升高，出現蛋白尿或糖尿的人，中年過後也比較容易罹患高血壓。

而除了雌激素的影響之外，女性在更年期後容易出現三高的情況也和遺傳體質及生活習慣有關。雖說肥胖是造成三高很重要的原因，但很多體型纖瘦的更年期女性也會罹患三高，這很可能就是與遺傳體質及飲食習慣有關。

要避免更年期後三高上身，可從飲食與運動兩方面來加強。

飲食方面，儘量保持多樣、少量、均衡的原則，少吃甜食、不喝含糖飲料、少吃動物性脂肪、紅肉（牛肉、羊肉）及加工食品，多吃魚類（含油脂豐富的鮭魚、鯖魚）、蔬菜水果、新鮮的食物。

運動方面，由於中年過後人體的代謝每隔10年會下降1%～2%，適當運動能延緩衰老，但一定要持之以恆才能收效，適合的運動如瑜珈、游泳、快走、跳交誼舞等。

此外，還應該定期做健康檢查，及早發現、及早接受治療，可以降低腦中風與心臟病的發病機率。

CH2

更年期的麻煩
真不少

怎麼減還是胖？

　　根據研究，更年期女性一般體重會上升
2～7公斤，這是因為基礎代謝率下降的關
係。比起更年期以前，這時期女性一天的基
礎代謝率大概會較以往減少100大卡，100大
卡大概是一杯牛奶的熱量，如果妳在更年期
過後仍維持年輕時的食量，加上沒有運動習
慣，等於每天累積100大卡的熱量在身上，
兩個半月下來，身上就會多出1公斤肥肉
（7700大卡的熱量會生成1公斤脂肪）。

　　除了基礎代謝率下降，更年期容易發胖
還有哪些原因呢？

　　1.雌激素減少，影響脂肪代謝：女性停經後卵巢機能逐漸退
化，使得血液中雌激素減少，雄激素相對增加，而雌激素的作用即
與脂肪的代謝有高度相關。雌激素接收器分布於下視丘，可讓食物
攝取與消耗的熱量達到平衡，特別是雌二醇可調節脂蛋白酶的活

> 　　雌二醇（Estradiol，E2）是卵巢分泌的類固醇激素，負
> 責調節女性特徵、性器官成熟和月經（排卵週期），及促進
> 乳腺導管系統的產生，是濃度最高的雌激素。

性，增加幫助脂肪分解酵素的敏感性，及增加腎上腺素分解脂肪的效率。所以女性到了更年期，身體缺乏雌激素的保護，脂肪代謝速度就會變慢，傾向膽固醇及三酸甘油酯合成，當然就容易發胖了。

2.生長激素分泌減少：更年期過後，除了身體缺乏雌激素，生長激素也會減少，使整體基礎代謝、新陳代謝率變慢。生長激素是幫助肌肉生長最主要的荷爾蒙，而肌肉正是人體基礎代謝率運作的關鍵，一旦生長激素分泌減少，肌肉合成變少，基礎代謝率也就跟著下降，而肌肉多寡對體重、體型變化有著舉足輕重的作用，當基礎代謝率下降，身體傾向合成脂肪，當然容易發胖，所以，更年期女性維持身體適當的肌肉量是很重要的。

3.生活步調變慢：更年期女性的生活型態多半較為固定、緩慢，日常活動量相較年輕時減少許多，因為生活習慣變得慵懶、固著，使得脂肪容易累積，造成肥胖。

4.情緒不穩飲食不節制：許多更年期女性因荷爾蒙分泌改變的關係，容易引起憂鬱、急躁等不穩定情緒，再加上雌激素分泌下降，使得味覺改變、口味變重，若經常藉由飲食紓壓或與親友宴飲的機會增多，縱容口慾的結果就會造成肥胖。

5.先天遺傳：研究發現，如果父母是肥胖體質，女性就算在年輕時身型不胖，更年期時也容易變胖，特別是皮下脂肪與內臟脂肪的堆積，這也是為什麼更年期女性肥胖部位多在腰、臀、腿的原因。

●更年期肥胖的隱憂

　　肥胖是很多慢性疾病的肇因，尤其是腹部型肥胖，它對更年期過後的女性造成的健康危害可不少。

　　1.心血管疾病：更年期後女性體重即使沒有增加，體內脂肪的分布也會受荷爾蒙影響而出現變化，傾向腹部脂肪增加，進而提高心血管疾病、高血糖及高血脂的機會，最終導致發生代謝症候群。根據統計，女性心臟病、糖尿病、腦血管疾病及高血壓性疾病的死亡率，在停經後每5年以近乎1倍的速度上升，顯示三高問題、心臟病、腦血管疾病對更年期後女性的健康威脅不可輕忽。

　　2.乳癌：研究發現，停經後的女性若BMI值偏高，罹患乳癌的機率可能增加。若以BMI值18.5～23.9正常者為比較標準，停經女性BMI值小於18.5罹患乳癌的風險比BMI值正常者減少22%；而停經後BMI值在24～26.9、27～29.9、30～34.9、大於或等於35，罹患乳癌的機率依序較BMI值正常者增加19%、31%、53%、65%，這代表愈肥胖罹患乳癌的機率愈高。

表：停經後女性BMI值與罹患乳癌的機率

BMI值	罹患乳癌的機率
小於18.5	比BMI值正常者減少22%
24～26.9	較BMI值正常者增加19%
27～29.9	較BMI值正常者增加31%
30～34.9	較BMI值正常者增加53%
大於或等於35	較BMI值正常者增加65%

3.**骨質疏鬆症**：女性停經後由於雌激素減少，再加上生理構造的關係，使骨質質量比一般男性更少，停經後一旦缺乏雌激素的保護，很多女性都會出現骨質疏鬆的問題，而肥胖又會加重骨質疏鬆的情況，兩者形成惡性循環。

4.**關節退化性疾病**：中高齡女性除了長期使用關節導致關節磨損外，也因為老化、停經後失去荷爾蒙的保護，使得容易出現關節退化性疾病。另外，更年期女性因肥胖機率增加，且體重愈重使退化性關節炎的情況愈加劇，特別是BMI值大於30，當體重超過膝蓋所能負荷，退化性關節炎的情況就會愈嚴重，常見如下蹲受限、上下樓梯膝蓋無力，嚴重時甚至會出現關節積水、無法行走的情況。

5.**情緒問題**：由於更年期出現的發熱、潮紅、盜汗、暈眩、黏膜乾燥、骨質疏鬆等生理不適，容易引發女性情緒不穩、易怒、憂鬱等心理狀況，若再加上新陳代謝速率下降，引起更年期肥胖、掉髮等問題，更會加重其負面情緒反應，使生理問題與心理問題出現如滾雪球般的惡性循環。

●避免更年期肥胖的生活需知

要避免更年期肥胖，要注意做到以下幾件事：

1.**卵巢保養**：到了更年期，想要有好身材，首先要把卵巢保養好，可以多吃一些能延緩卵巢衰老的食物，如含有豐富大豆異黃

酮、被稱為植物雌激素的豆製品，或是魚蝦，這些食物含有豐富的ω-3脂肪酸，這與肝臟中的胰島素有關，能加快血糖、血脂的代謝，有益減肥。

2.飲食調節：嚴格控制高熱量食物的攝取，並要注意每日均衡攝取包括蔬菜類、水果類、奶類、豆類、五穀雜糧類等食物。

3.適量運動：可增加體內熱量的消耗，從而達到減肥的目的，游泳、登山、快走、慢跑等有氧運動都很適合。

4.低鹽飲食：飲食要清淡，如果平時口味較重，更年期過後應慢慢改變飲食及烹飪方式，每天攝取的食鹽應控制在6克以內，也要少吃辛辣、油膩等刺激性食物。

5.補鈣：由於卵巢功能衰退，雌激素分泌大大減少，更年期女性身體對鈣的合成能力因此變弱，容易出現抽筋，甚至引起骨質疏鬆的情況，補鈣要多吃含鈣量高的食物，比如高鈣低脂牛奶、豆類食物、海帶、紫菜等，這些食物除了能維護骨質的密度，還能加強身體的新陳代謝，並有降脂作用，能防止更年期肥胖。

6.適量攝入蛋白質：隨著年齡增加，身體對營養物質的吸收能力也愈來愈差，更年期女性要多補充優質蛋白，比如牛奶、瘦肉、魚類、家禽類及豆製品等，但注意不能攝取太多，太多的話身體無法吸收，會慢慢囤積變成脂肪。

7.補充B族維生素：有助穩定情緒，輔助減肥，富含B族維生素的食物來源如粗糧、豆類、堅果、瘦肉等。

更年期不煩惱小百科

女人50歲以後，
胖一點好還是瘦一點好？

年紀愈大，基礎代謝率愈緩慢，平均每增加10歲，每日基礎代謝所需的熱量就降低100卡，也就是說，若要維持10年前的體重，每日攝取的熱量就要比10年前少100卡。假如妳10年前的體重是50公斤，每日基礎代謝所需的熱量為1426卡，現在若要維持50公斤體重，每日所攝取的熱量只要1326卡，以此類推。

BMI（body max index）是一種有用的健康指數，理想的BMI值為20～25，BMI的計算方法是身高的平方除以體重，如果妳的體重是60公斤，身高是160公分，妳的BMI值計算方法是：$\frac{60}{1.6 \times 1.6}$ =23.4375，表示妳的BMI值約為23.5。

BMI值＜19，顯示骨質疏鬆症和骨折的風險上升

BMI值＞25，顯示高血壓、心臟病及糖尿病的風險上升

失眠真痛苦！

女性在更年期時因為卵巢雌激素分泌逐漸減少及垂體促性腺激素增多，造成神經內分泌一時性失調，使得下丘腦─垂體─卵巢軸反饋系統失調和自主神經系統功能紊亂，產生憂鬱、焦慮等情緒而引起失眠。

根據統計，40％～60％的女性在更年期前後會有失眠的問題，且女性失眠的比例是男性的兩倍，這可能與停經前女性體內荷爾蒙變化有關，常見失眠症狀有：入睡困難、睡眠品質變差、多夢、醒來後很難再入睡、常有睡不飽的感覺，統稱為「更年期失眠症候群」，引發的原因說明如下：

1.因熱潮紅引起的睡眠障礙：這是最常引起更年期失眠的原因。更年期過度期對冷熱可能會變得很敏感，常會無來由的突然一陣熱或一陣冷，有時會伴隨著緊張、盜汗，甚至心悸，這種情況如果發生在夜晚，就可能嚴重影響睡眠。有這種症狀可嘗試一段時間的荷爾蒙療法，如因特殊考量無法使用荷爾蒙療法，也可選擇服用低劑量抗憂鬱劑來改善。

2.與情緒疾患相關的睡眠障礙：這是第二大宗的原因。女性在更年期過度期，一則因為體內荷爾蒙劇烈變化造成體質對於情緒的

易感性，一則在這段時間生活可能出現一些重大改變，如空巢期、退休、離婚等，都會使女性有較多的情緒困擾，不論是焦慮或憂鬱，都可能影響睡眠品質。這種情形可選擇適當使用抗憂鬱劑或做心理諮商，能幫助改善情緒及失眠症狀。

3.與睡眠呼吸中止症相關：所謂「睡眠呼吸中止症」是指睡眠時因為肌肉放鬆，造成呼吸道壓迫，使呼吸出現暫時停止，因呼吸不順而影響睡眠。更年期女性罹患此症多與肥胖有關，這些狀況可能會因為吃安眠藥而變得更嚴重，長期可能會引起呼吸或心血管方面的併發症，須盡早接受包括控制體重、調整睡姿、使用正壓呼吸器、開刀等治療，以免引起更嚴重的後果。

●補充女性荷爾蒙可改善失眠

女性更年期後失眠有三分之二的情況可藉由補充女性荷爾蒙得到改善，身心科醫師說，半數以上罹患失眠而服用安眠藥或鎮定劑的女性，如果給予荷爾蒙補充治療，可減輕失眠用藥；另外，要改善睡眠品質，也可從調整生活習慣來著手。

1.維持規律的睡眠作息，每日按時上床及起床。

2.不要強迫自己入睡，如果躺在床上超過30分鐘仍然睡不著就起床，做一點輕緩的活動，直到想睡了再上床。

3.白天時多參與社交活動，使生活有規律且充滿活力。

4.白天時不在床上休息，只在晚上想睡覺時才上床。

5.維持舒適的睡眠環境，如適當室溫、燈光、減少噪音及選用舒適的床墊、寢具。

6.避免在床上或臥室看電視、打電話、上網、滑手機等。

7.晚餐後不要喝咖啡、茶、可樂、酒及抽菸。

8.晚餐後要減少進水，避免因夜間起床上廁所而中斷睡眠。

9.睡前吃一些小點心或喝杯溫牛奶能有助安眠，但不宜吃喝太多。

10.每日應規律運動。

11.睡前不做劇烈運動，宜做溫和及放鬆身心的活動，如泡熱水澡、打坐等。

 更年期不煩惱小百科

哪些食物含天然女性荷爾蒙？

1. 南瓜：含有豐富的維生素E，有利於各種腦下垂體荷爾蒙正常分泌，調節體內雌激素。

2. 黃豆製品：富含植物荷爾蒙——異黃酮。

3. 山藥：含植物醇，可舒緩更年期失眠、盜汗等症狀。

4. 十字花科蔬菜：內含的化合物被認為有助體內雌激素代謝，調整荷爾蒙平衡。

骨質疏鬆好危險

世界骨質疏鬆基金會（International Osteoporosis Foundation, IOF）指出，全球約有2億名女性患有骨質疏鬆症，且女性過了更年期，每3位就有1位可能因骨質疏鬆而骨折。

依據我國國民健康署2009年的統計顯示：國人自述且經醫師診斷有骨質疏鬆的比例隨年齡增加而增加，女性停經後增加的比例更為明顯，其比例在50歲以上男性為10.2%、女性為25.2%，女性為男性的2.5倍。

人體骨骼的骨質大約在20～30歲時達到最高峰，之後會逐漸減少。女性在停經後骨質減少的速度加快，如果骨質流失過多，使得原本緻密的骨骼形成許多孔隙，骨頭內的骨小樑變細、變小，呈現中空疏鬆的現象，將使得骨骼變脆、變弱，就是所謂的「骨質疏鬆症」。

停經女性是罹患骨質疏鬆症的高危險群，原因在於女性骨質原本就比較差，加上停經後缺少雌激素對造骨細胞的激活作用，使得骨質流失更加快速。

骨質疏鬆症在外觀及生理上多沒有明顯症狀，有些患者可能只出

表：骨質密度標準

骨質密度T值	骨質狀態
-1＜T值	正常
-2.5＜T值＜-1	低骨量、低骨密，骨質不足
T值＜-2.5	骨質疏鬆症

T值=（骨質密度測量值一年輕女性的骨質密度平均值）/ 標準差

現變矮、駝背的外觀變化，患者因未覺察而不以為意，但只要不小心跌倒或是彎腰搬重物，就可能造成骨折。

　　骨質疏鬆雖不會致命，但會造成生活上的不便，甚至引發其他併發症，國內每年有13萬人因骨質疏鬆症而骨折，其中又有3000～5000人因併發症而死亡。骨質疏鬆最常發生的部位及危害說明如下：

　　1.脊椎骨：身高變矮（彎腰駝背），壓迫性骨折、腰酸背痛、呼吸困難。

　　2.髖骨、股骨頭和手腕骨：跌倒或碰撞極易造成這些部位骨折，且癒後差。

●雄激素對骨質的影響

　　人體造骨細胞中有雄激素接受器，某些骨細胞也可將一些前趨物質代謝轉換成雄激素或DHT（二氫睪固酮，一種雄激素），這些雄激素可抑制骨質被吸收，臨床研究發現，將2.5mg的甲基化雄激素合併雌激素治療，可有效提升骨密度。

　　雄激素對於骨質的正面影響，也可從男性較少有骨質疏鬆症的

實際情形得到印證，但以實際臨床運用而言，使用雄激素來治療骨質疏鬆較多還是用在情況嚴重的病人，或是因罹病長期缺少肌肉運動導致骨質疏鬆的人，症狀較輕微者仍建議以飲食、運動、曬太陽等方法來加以改善。

● 運動可增加骨質密度

延緩骨質疏鬆最好的辦法就是運動，藉由運動可增加骨質密度、降低因老化所造成的骨質流失。那做什麼運動好呢？只要能使全身的骨骼都受到足夠的張力和拉力便能產生效果。

骨質疏鬆症的預防比治療重要，若是年輕時存的「骨本」愈少，更年期後骨質流失的速度就會愈快；反之，若是年輕時存了夠多的骨本，那更年期後骨質流失的速度就會較緩慢。所以，要避免更年期過後出現骨質疏鬆的困擾，從年輕時就要存「骨本」，存骨本的三大要訣是：

1.補充鈣質：從小要養成高鈣飲食習慣，可多吃起司、黑芝麻、小魚、傳統豆腐、深綠色蔬菜、喝牛奶等。

2.曬太陽：適度曬太陽能讓身體增加維生素D的製造，維生素D是具有多重生理作用的荷爾蒙，能維持鈣磷平衡及骨骼健康。

3.運動：多從事負重訓練，如健走、慢跑、跳繩、舉啞鈴（雙手各拿約0.5～1公斤的啞鈴，或以等重的水瓶、沙包代替，但必須是能握得牢的物品，以防掉落危險）等，都能有助強化骨骼。

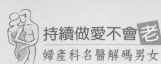

更年期不煩惱小百科

更年期喝咖啡
會不會造成骨質疏鬆？

　　喝咖啡可降低心血管疾病罹患率，但攝入過多會造成骨質疏鬆，對停經後的女性更是不利。每天一杯咖啡是身體可以接受的，建議在早餐後飲用，最好不加糖、不加奶精，若有需要，加無糖豆漿或低脂牛奶是比較好的選擇。

怎麼都提不起性致？

　　女性在更年期過後，體內的女性荷爾蒙和主掌性慾的男性荷爾蒙都會下降，因此，不少女性會出現「性慾低下症候群」（Hypoactive sexual desire disorder，HSDD），總感覺對性愛缺乏興趣。

　　更年期來臨使女性體內的雌激素和睪固酮濃度下降，女性生殖道組織退化且潤滑作用減少，使得每次性生活都會有不同程度的性交疼痛感，另一方面，因體內睪固酮分泌減少，讓性慾和性生活的動機也跟著減少，這些都是造成女性在更年期對性生活提不起興趣的原因，而這些前因也使她們在心理上對性生活產生抗拒。

　　但以生物原理論，更年期真的會降低女性對性生活的意願和感受嗎？事實上，許多專家指出，由於不再會有懷孕的後顧之憂，停經之後的性生活反而可以感受更舒暢的快感。嚴格來說，真正阻礙停經後繼續有性生活，很多是來自社會的觀感。傳統觀念認為停經後仍有性生活是一種縱慾的不道德行為，會被人恥笑，且可能帶來疾病，於是便把更年期跟無性生活畫上等號。

　　另外，對更年期女性來說，常見的外觀改變如變胖、乳房下垂、皮膚老化、毛髮日漸粗糙稀疏等，再加上來自女性荷爾蒙缺乏所造成

的生理、心理改變，像是月經不來、大陰唇萎縮、陰道黏膜變薄、陰道變乾、陰毛變稀疏，這些原因使得陰道口變狹窄、彈性變差，這樣不但易造成性生活快感降低，甚至可能引起性交疼痛，也因為陰道環境改變，容易造成局部感染，這些都會降低女性對性生活的慾望。

在性生理反應方面，女性停經後性興奮期的性器官反應會降低，例如黏液減少、陰蒂勃起減少等，但對高潮時的感受卻不會明顯改變，仍可充分享受性愛的愉悅。研究指出，血液中荷爾蒙濃度與性愛感受、陰道和乳房的感受有關連性，特別是睪固酮和陰道黏液，也就是說，生理的感受和乳房的刺激有著絕對關連，因此，更年期後的性愛宜多一點前戲，慢慢加溫，一樣能有高潮。

● 低劑量雌激素可改善陰道乾澀

女性生殖道的分泌物來自三個部位，分別是：子宮頸、陰道和陰道口附近的巴氏腺，其中，10%～20%來自巴氏腺、20%～30%來自子宮頸、60%～70%由陰道黏膜分泌。更年期女性荷爾蒙分泌下降會導致陰道黏膜萎縮、變薄，分泌物大幅減少，使得性交過程中的摩擦不適感增強，即使沒有性生活的需求，陰道黏膜萎縮也會影響膀胱和泌尿道，造成頻尿、漏尿等狀況，甚至容易引起陰道感染。

在近更年期及更年期時，女性出現陰道乾燥缺乏潤滑的情形，若為普遍性可用陰道乳霜改善，若是在性交時因陰道乾燥造成的不適，則可用潤滑劑來改善潤滑不足的問題，低劑量的陰道雌激素產品，例如雌激素乳膏，一般而言是安全的，且因為它是局部給予的方式，只會讓血液中的雌激素少量增加，不會有其他副作用，可有效改善陰道變薄及乾燥的問題。

●規律的性生活能降低更年期症候群發生的機率

　　女性在更年期過後若能維持穩定的性生活，可避免生殖道萎
縮，雖然陰道的黏膜會隨年齡增加而變薄或萎縮，但若能維持一定
數量的性生活，仍能促使其分泌足夠的黏液來潤滑陰道。因此，更
年期過後若能維持每週一次的性生活，可減緩血中雌激素降低的速
度，當然也可降低更年期症候群發生的機率。

　　女性更年期後的一些生理變化，如月經不調、情緒波動、陰道
不夠潤滑等，的確會影響性生活，但避免性生活只會讓情況更糟，
如果能嘗試以潤滑劑、性玩具、新的性愛體位或者自慰等方式來滿
足性慾，有助身心安然度過這段時期。

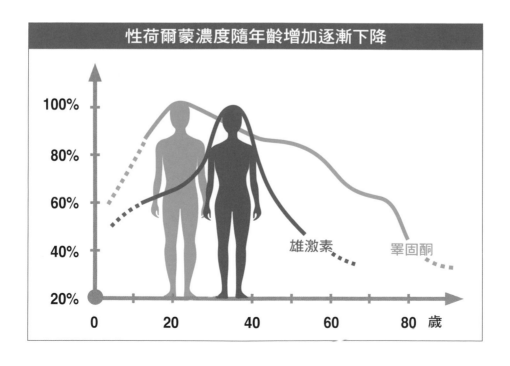

性荷爾蒙濃度隨年齡增加逐漸下降

但隨著年紀增加，性生活的障礙不可避免的也會隨之增加，例如：性交疼痛、性慾降低等，這些情形可採用女性荷爾蒙補充療法，也可配合使用睪固酮或使用陰道潤滑液，都能有助降低性生活障礙、激發性慾，協助改善性生活品質。

另外，性生活的時間不一定要在睡前，這段時間身體經過白天的勞動會比較疲累，使性慾降低，改在白天行房也未嘗不可，至於性交姿勢應就雙方的身體狀況，選擇最舒適的體位，無需勉強。當然，伴侶若有生理或心理的性交障礙，也要尋求醫療協助。

總而言之，更年期女性對於性生活仍應充滿期待，並從中得到身心的滿足，性生活在這個時期對男女雙方的身心都有正面意義，應該被正面看待。

更年期不煩惱小百科

切除子宮還能有性高潮嗎？

女性對於性生活的感受並不會因年齡而有明顯改變，且荷爾蒙補充療法對女性性生活更是有著重要的功能，對於那些非由手術引起的停經女性，少量的睪固酮補充對促進性慾很有幫助。

一般而言，女性因為病變接受子宮切除的年齡大多在40～50歲之間，這段時間也是一生中性慾較高的時期，但子宮切除對一個女性而言，不只表示身體失去一

件器官，而是意味著月經和生育能力的喪失，讓女人覺得自己不再完整。所以在手術前，包括心理狀態、年齡、預後、手術方法等，醫師必須有全面性的考慮，且要和病患有充份的溝通。

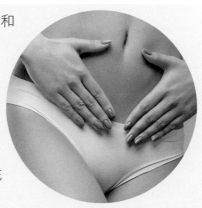

實際上，子宮切除對於性生活的影響因人而異，有些病人會抱怨術後性交疼痛、高潮降低或是性慾減少，且這些問題常發生在那些同時切除卵巢的患者身上。研究指出，對於那些切除卵巢者，若無合併荷爾蒙補充療法的話，性交疼痛的機會便會增加。

另有研究指出，不論是經腹部或經陰道施行子宮全切除術的患者，全年的性高潮次數會減少，因為她們認為高潮是由子宮頸處開始發動，且子宮的收縮可加強高潮的感覺。事實上，有這樣的感覺多是因為心理因素的影響。

反觀有些因疼痛、異常子宮出血而施行開刀手術的患者，術後因不適感消除，加上沒有懷孕的顧慮，反而提高性生活的意願和品質。總而言之，子宮切除後對病人的性生活不一定會有影響，有術前的評估、充份的溝通及術後的心理建設，才可將手術對性生活的影響減到最低，甚至在術後能大大提升患者的性生活品質。

滴滴答答尿失禁

　　女性在更年期時泌尿道的解尿型態會經歷一段轉換期，常見症狀有頻尿、急尿、夜尿、尿失禁及尿路感染等，最主要的原因來自於泌尿生殖道（包含泌尿道與陰道）萎縮。

　　泌尿道萎縮的影響包括：排尿次數增加、尿失禁及泌尿道感染機率增加等。

　　陰道萎縮的影響包括：陰道乾燥與乾癢（外陰部經常有灼熱感）、大小陰唇飽滿度下降（小陰唇外露造成摩擦疼痛）、性交疼痛等。

　　在臺灣有30%～35%的女性有尿失禁的問題，常因自然老化、體重過重、懷孕生產、泌尿道感染等原因造成骨盆底肌無力，或膀胱頸與尿道間的結締組織機能變弱，導致膀胱壓力倍增的同時就會產生漏尿，進而形成壓力性尿失禁。

　　引起更年期泌尿道變化的原因主要有兩個：一是由於體內雌激素濃度降低，一是合併所有骨盆腔器官與組織老化的變化所致。

　　體內雌激素濃度減低會造成：

1.泌尿道生殖道上皮萎縮乾燥,造成陰道乾癢刺痛。

2.皮下負責支撐的結締組織退化消失大於增生,降低了陰道前壁的支撐力(膀胱前壁與尿道),讓骨盆腔脫垂與尿失禁惡化。

3.陰道環境酸鹼值改變(由弱酸轉趨於中性),降低了人體對細菌的天然屏障,造成泌尿道細菌感染(膀胱炎或陰道炎)的機率增加。

泌尿生殖道老化則可能導致骨盆腔器官脫垂及尿失禁,主要成因為:

1.生產傷害:懷孕及生產時嬰兒經過產道的骨盆腔壓力與張力造成組織鬆弛。

2.長期久站、久蹲、搬負重物:造成腹腔壓力增加,通常會有急迫性尿失禁、骨盆腔疼痛及解尿疼痛等情形。

 更年期不煩惱小百科

女性更年期過後
為什麼咳嗽會導致漏尿?

更年期後的女性因荷爾蒙分泌大量衰退,缺乏女性荷爾蒙會使皮下組織萎縮,尿道上皮變薄,血管萎縮使血流量減少,結締組織也會減少,導致尿道失去彈性,尿道括約肌失去緊縮的功能,咳嗽或用力時便會造成漏尿。

●更年期尿失禁的治療方式

女性從35歲開始荷爾蒙分泌減少，外陰部出現皺縮導致乾澀、失去彈性，潤滑度也會跟著下降；40歲過後，卵巢功能急速下降，女性荷爾蒙分泌更少，陰道老化情形愈形明顯。

女性的陰道與泌尿系統為同時發育，生理功能有高度連結，失去張力的陰道除了會出現鬆弛的問題，也會連帶影響膀胱及尿道結構，易出現發炎、漏尿、頻尿、夜尿、尿失禁等問題。要解決這些困擾，以下這些療程可做為參考。

荷爾蒙療法

更年期女性荷爾蒙低下是引起泌尿道症狀的重要原因之一，補充荷爾蒙對於這些症狀能有明顯的改善，補充方式可分為：

1.全身性治療：口服、經皮吸收（貼片）、注射等。

2.局部性治療：雌激素軟膏（陰道軟膏）。

兩者都可緩解頻尿、急尿、尿失禁、泌尿道感染及局部陰道刺痛乾癢等症狀。

不適合採荷爾蒙治療的族群

如乳癌及婦癌患者或高風險族群，患者可針對泌尿生殖道症狀使用保濕劑塗抹在陰道口，這樣可減少因上皮萎縮造成的刺痛、乾

癢、灼熱及性交疼痛等問題。保濕劑最好選擇不含香精或刺激性成分的產品。

手術及其他療法

1.陰道緊實手術：需要動刀，效果顯著，但手術恢復期長，也可能產生感染或出現疤痕等副作用。

2.微創注射：如聚左旋乳酸、玻尿酸，優點為微創、低疼痛、恢復期短，可直接達到恢復患部豐滿、緊實的效果，但因注射物質易被人體吸收，約半年～2年需再次注射。玻尿酸為接受度及安全性都很高的填充物質，聚左旋乳酸注射在陰道兩側的軟組織內，可刺激組織的膠原纖維增生，起到填充的效果。

此療程適用產後、更年期女性，療程僅約15分鐘，術後1週內需避免服用抗凝血藥物或營養補充品，以減少出血，術後2～3天會有些許腫脹感，可隔著紗布冰敷以減少不適，之後即恢復正常。

3.雷射：藉由熱能刺激膠原蛋白新生，提升血液反應及陰道黏膜上皮含水度，促進陰道壁濕潤、緊實與彈性，可合併使用外陰部治療的探頭，療程原理為運用波長10600nm二氧化碳飛梭雷射，結合360度點陣治療裝置，藉由在陰道內上皮細胞點陣治療，剝離及更新老廢陰道黏膜，拉緊陰道內壁；優點為免動刀、安全、無傷口、恢復快，可修復損傷和鬆弛的肌肉和筋膜，使陰道緊實有彈性，改善陰道乾燥及輕度、中度漏尿問題，療程僅需10～20分鐘。

糖尿病、治療部位有發炎或感染、未確定的陰道出血等，不適合施作此療程；術後3～5天分泌物會增多，應避免泡澡且要勤換內褲，還要避免有性生活。

4.電波：採用輪流熱能、冷卻替換脈衝方式，利用電波刺激黏膜組織重組與新生，讓外陰部膨潤飽滿、重塑陰道緊縮，改善漏尿問題，還可改善外陰部色澤暗沈；優點為非侵入式、無手術風險，且幾乎無復原期，不影響日常生活。

有陰道炎、陰道腫瘤或其他傳染性疾病者不適用此療法，術後避免對治療部位灌洗和泡澡，穿棉質內褲，保持外陰部清潔乾爽，搭配做凱格爾運動效果更好，術後3天即可恢復正常性生活。

凱格爾運動

又稱骨盆運動，藉由重複縮放部分的骨盆底肌肉，用以幫助孕婦準備生產、改善男女尿失禁、早洩等問題。

練習時首先是收縮、夾緊肛門週圍和尿道口及陰道口的肌肉，此時收縮的肌肉就叫恥骨尾骨肌（也叫骨盆底肌），收縮後再放鬆，一縮一放重覆做。做此運動時要正常呼吸，不要憋氣；練習初期採骨盆底肌肉收縮時間3秒、放鬆時間5秒，以少量多次為原則，慢慢將縮、放時間延長到7及10秒。隨時可以練習，無場地及時間限制。

5.體外磁波儀：1998年時由美國食品藥物管制局通過可作為治療尿失禁，其作用原理為利用電場產生磁場，藉由可深入骨盆12公分左右的電磁脈衝波刺激骨盆底肌肉，進而使骨盆肌肉收縮、運動，強化骨盆肌肉群達到治療尿失禁的目的；同時可穩定膀胱的不

自主收縮，治療膀胱急迫性症狀。比起藥物治療，它具有副作用少、療效持久等優點，對於各種尿失禁的治癒及改善率一般可達到70%左右。

治療時只要輕鬆端坐在治療椅上，治療椅下方的線圈瞬間產出強烈的電流刺激，線圈的周圍則產生高度密集的時控式磁場，可深入穿透人體會陰部，活化所有會陰神經與內臟神經分支，來刺激強化骨盆底肌肉群，隨著刺激線圈電流頻率，肌肉就會產生反復收縮和鬆弛運動，達到重建骨盆底肌與制尿系統的力量與耐力。

治療對象以尿失禁、慢性骨盆腔疼痛及膀胱過動症為主，療效可達八成左右；此外，對於提升性欲、治療高潮障礙、性交疼痛等性功能障礙亦有部分療效。

體外磁波儀是一種無痛無害、簡易（不需寬衣解帶）、不需直接接觸皮膚、不需要導電貼片、不需要在陰道內放置任何物品的治療方式，每週2～3次，每次僅需20分鐘，18次為一個療程。

第一階段使用低頻率，增加骨盆底肌的耐受力，需時約10分鐘；第二階段為高頻率，以增加骨盆底肌肉強度，需時約10分鐘，採間歇式刺激：3秒刺激、6秒休息，以避免肌肉疲乏。

目前健保有給付尿失禁的治療（需經尿動力儀檢查證

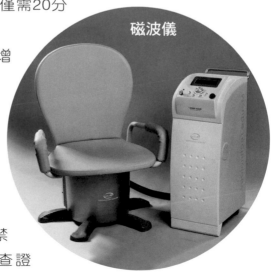

磁波儀

實），依療程卡方式，一次批價做六次治療。但需注意：治療時必
須取下身上金屬物品和配件及有可能被消磁的物品，且體內裝有金
屬性人工物者不能接受這項治療。

體外磁波儀的優點

1. **非接觸性、非侵入式**：不需脫換衣服，只需端坐在椅子上就
   可治療。
2. **安全性高**：沒有傷害、污染陰道或肛門的危險性，也沒有其
   他明顯的副作用。

6.外科手術：

陰道膀胱頸懸吊術：適用於有膀胱頸壓力性尿失禁，尤其是合
併有骨盆腔鬆弛的患者，此術成功率高達95％以上，且極少有併發
症，做法是用縫線將陰道上部固定於恥骨後韌帶以拉提膀胱頸，透
過調整膀胱頸的位置來抵抗腹壓增加時來自膀胱的壓力。

陰道前壁修補術：用在沒有陰道旁缺損的中央型膀胱膨出，做
法是把陰道前壁黏膜和下方的膀胱分離，並將多餘的陰道壁切除，
然後把膀胱頸往上推，綁緊兩側的恥骨尿道韌帶後，再做陰道傷口
縫合即可。

另外，如果是因骨盆腔脫垂造成的頻尿、急尿、骨盆腔酸痛、
骨盆下墜感，則需要做女性骨盆腔基底肌肉強化訓練（凱格爾運動
及生理回饋訓練）、局部的電刺激治療或是藉由骨盆腔重建手術來
校正脫垂；減少生活中使用腹壓的程度及使用子宮托，也有一定的
治療效果。

更年期不煩惱小百科

多喝水可有效預防
膀胱炎與尿道炎

　　女性停經後因身體缺乏雌激素，泌尿系統容易發炎，尤其是膀胱炎。要降低膀胱炎的發生機率，喝水是最有效、最省錢、最沒有副作用的方法。正確而有效的喝水方法是，早上起床後喝200cc白開水，之後每30分鐘喝50～60cc白開水，一直持續喝到晚上8點，也就是睡前2小時便停止進水。這樣的喝水方式可使體內的細胞組織充分而有效的利用水分，避免感染膀胱炎與尿道炎。

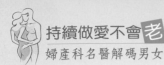

不愛動，肌少症就上身

　　肌少症指漸進式的肌肉質量減少與肌肉功能（肌力及生理活動能力）降低，進而造成疾病發生率提高、生活品質降低、甚至死亡的症候群，診斷及分級標準包含：肌肉量減少、肌力減弱、低身體功能表現等。

　　人體肌肉質量降低至標準以下即為肌少症前期；若低肌肉質量再加上低肌力強度或低身體功能表現，即為肌少症；若三者都存在，為嚴重肌少症。

　　65歲以上，每秒鐘正常行走速度小於0.8～1公尺，或手握力差，加上肌肉量小於特定臨界值，即可判定為肌少症。

　　人體由於老化過程造成運動神經退化、蛋白質合成減少、營養供給不足、久坐少動或臥病在床的慢性病與發炎反應，都是肌少症的形成原因。另外，在肌肉流失的同時，脂肪組織也在慢慢堆積。研究發現，從30歲開始，人體每年約減少0.23公斤肌肉，但脂肪量每年卻增加約0.45公斤，這種脂肪過重與肌肉質量減少的狀態稱為肌萎性肥胖。中高齡族群若合併肌肉萎縮與肥胖的情況，對健康會產生加乘的負面效應，可能加速老年人的身體失能，罹病率與死亡

率也會提高。

要減緩肌少症發生，需要「加強營養」與「多運動」雙管齊下。一般人的蛋白質需要量為每公斤體重0.8～1克，但這個量對於減少高齡者身體肌肉流失是不夠的，中高齡者每天蛋白質需要量應提升到每公斤體重1.2～1.5克，才可達到減少肌肉流失的速度，還要將蛋白質食物平均分配在每一餐，而不是集中在某一餐，才可達到刺激肌肉合成的效益。

研究發現，高齡者血液中較低的維生素D與低肌肉質量/強度、較差的身體功能表現、平衡感皆有相關，平日飲食雖可從深海魚類，如鮭魚、鮪魚、鯖魚或起司、蛋黃等獲得維生素D，但建議中高齡者更應從陽光來獲得維生素D。皮膚可以從紫外線將原本就存在於人體血液中的膽固醇衍生物7-去氫膽固醇經由肝腎轉變成維生素D，因此，每天曬30分鐘太陽，配合戶外活動，對健康很有好

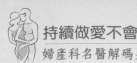

處。另外，適量攝取富含抗氧化物的蔬菜、水果、多元不飽和脂肪酸及堅果類，也可幫助維護肌肉質量。

富含白胺酸的蛋白質對合成肌肉有益，食物來源如牛奶、黃豆、雞肉、魚、瘦肉、花生等；而除了蛋白質之外，維生素D也是必需的，肌肉細胞上有維生素D接受器，活化此維生素D接受器可促進肌肉蛋白質合成。

只補充營養而不運動，對於預防肌少症仍是不夠的。運動可以減緩肌肉流失與功能退化，特別是對抗肌少症最有效的阻抗性運動，如舉啞鈴、仰臥起坐、伏地挺身等能鍛鍊肌肉的活動。中老年人若能規律的做重量訓練，不但可增進肌力與肌耐力，減緩淨體重流失，維持身體的基礎代謝率，也可消耗多餘的脂肪，減少肥胖發生，增進體內胰島素功能，對預防老年人骨質疏鬆也很有幫助。

憂鬱悄悄來襲

　　研究顯示，更年期情緒症狀好發於更年期早期，甚至在停經前數年即出現。它的病因主要在生理層面，與女性荷爾蒙缺乏有絕對相關；在心理社會方面，更年期女性由於子女長大脫離家庭、自己或配偶退休、生理老化，甚至可能有夫妻或家庭問題，這些原因都會讓女性感到無助與憂慮，導致更年期憂鬱出現。

　　更年期是女性卵巢功能逐漸衰退至不具功能的過度期，這期間由於卵巢分泌的女性荷爾蒙減少，可能引起身體的許多不適，這個時期的女性若剛好遇到生命發展過程中的重大改變，便容易引發一些生理與心理適應的問題。

　　美國精神科醫學會在2006年發表了相關的研究報告指出，更年期發生憂鬱症的比例比一般時期高出五倍之多。更年期憂鬱症的診斷與一般憂鬱症的診斷並無不同，包括情緒持續感到憂鬱或對任何事物及原本的嗜好失去興趣至少兩星期，並同時合併以下可能之症狀：

　　1.食慾、體重明顯降低或增加。

　　2.睡眠障礙。

　　3.靜不下來，或動作變得緩慢。

　　4.失去活力或容易感覺疲倦。

　　5.處理事情的效率變差。

6.出現不合理的罪惡感或無價值感。

7.思考及專注能力減退，變得猶豫不決，負向思考增加。

8.時常想到死亡或出現自殺的念頭。

部分較嚴重的個案甚至會出現妄想及幻覺的精神症狀，這時需額外注意到月經週期變化、血管縮放性生理症狀（盜汗及悶熱感）、甲狀腺及性功能的變化，及相對的心理衝擊。

更年期憂鬱症與一般憂鬱症在治療上並無不同，藥物治療仍以目前普遍使用的抗憂鬱劑、抗焦慮劑、安眠藥物為主，新一代抗憂鬱劑（血清激素再回收抑制劑、血清激素與腎上腺激素再回收抑制劑）不僅對憂鬱情緒及睡眠障礙有幫助，對盜汗及悶熱感也有部份療效。

心理治療則著重在女性社會角色轉換的壓力調適，如空巢期的心理因應，許多的心理治療學派也提供了不同的選擇，如認知行為心理治療、分析與動力取向心理治療、家族或婚姻治療等。

對於更年期憂鬱症的判斷及治療，因為經常合併精神疾病或人格疾患，甚至必需搭配婦產科醫師，一同處理更年期生理上的變化，因此治療的計劃仍需要專業醫師的分析與協助，做個別的療程規劃。醫界亦不斷在研究對於更年期憂鬱症更好的治療方式，未來甚至必須跳脫醫療的角度，結合社會、心理、樂齡等專業領域，輕症以輔導、重症再給予治療，以期能更好地改善更年期憂鬱的問題。

而站在預防的角度，知道這個病症的存在，等於提醒大家在平時就要培養一些減壓的技巧，當面對問題時就能加以運用，以減少憂鬱症發生或惡化的程度。女性本身若對生心理狀態的可能改變有所準備，自然能減少壓力調適的問題；家人的了解與關懷對於疾病

的發生與發展也
有幫助；而正在
接受藥物及心理
治療的病人，必
須遵守醫囑，以
累積並增加自己
的生理療癒力及
心理抗壓性；還
要戒除菸酒、藥
物等不良習慣，

作息健康才能讓自己隨時充滿活力，增強身心的抵抗力，安然度過
更年期的憂鬱困擾。

●適當補充荷爾蒙有助更年期後的情緒管理

　　女性在更年期階段，因體內荷爾蒙濃度降低而出現生心理變
化，卵巢中的荷爾蒙包括雌激素、黃體素、睪固酮，在更年期時因
為這三種荷爾蒙不同程度的缺少，導致女性在精神生活上呈現不同
程度的變化，出現包括憂鬱、易怒、認知障礙、記憶短暫缺失及性
功能降低等症狀。

　　為何女性體內荷爾蒙缺少會導致精神或心理上的變化？從神經
生理層面來說，女性荷爾蒙對於腦部的神經元有直接和誘導的作
用，直接作用為女性荷爾蒙對腦部的作用相當快速，而誘導作用則
是指女性荷爾蒙對於腦部的電化學作用可延遲其發生和延長其作用
時間，且因為在腦部的各個結構都普遍存有女性荷爾蒙受體，而女

性荷爾蒙則會使腦部神經元間的訊息傳送更簡捷、方便，所以當更年期來臨，因體內女性荷爾蒙大量下降，神經元之間的訊息傳遞會發生障礙，此時便會出現記憶力減退、心情起伏大、憂鬱、易怒等情緒表現。

家屬應對更年期女性多加關懷，讓她們有機會傾訴情緒，以獲得適當的情緒舒解，精神上的轉移也可幫助減緩更年期女性的心理症狀。

至於記憶力減退方面，這是因為更年期時女性荷爾蒙分泌缺少，導致短期記憶功能失調，適當補充荷爾蒙能緩解這些現象，還可改善情緒和精神上的不安定，如使憂鬱感消失、記憶力改善、心情起伏趨於平緩等。

更年期不煩惱小百科

雄激素對情緒的影響

　　近年來雄激素是否可用於治療更年期女性精神方面的問題已受到廣泛注意，許多文獻指出，「單獨使用雄激素」或「雄激素與雌激素合併使用」都能使病人變得更樂觀進取、有活力、提高食慾，甚至可改善失眠及陰道乾燥的症狀，尤其是使用DHEA者，效果可在兩週內達到有效治療的雄激素濃度，但DHEA與雌激素搭配使用的效果尚待進一步臨床研究。

正視男性更年期

被忽略的男性更年期

　　50歲以後的女人，常發現丈夫的脾氣變得古怪、孤癖、固執、易怒又好爭辯，不只如此，還記憶力變差、性慾低落、說話提不起勁，其實男人也不是故意的，殊不知，他們也有更年期。長久以來，男性更年期一直被社會忽略，隨著更年期到來而出現的許多身心症狀都沒被看見，也很少被治療。

　　由於男人和女人不一樣，男人沒有固定來報到的月經，沒有像女性停經明顯的更年期分界點，不會有難受的熱潮紅、盜汗、心悸等症狀，加上男人體內的荷爾蒙為漸進式減少，多半不會自覺，通常是在察覺性能力衰退時才會尋求治療，且大多把注意力放在陰莖勃起等性功能衰退的問題上，鮮少針對荷爾蒙的衰退去檢查並予以治療。

　　從生理學角度來看，男性從40歲以後血中雄激素的機能就會逐漸衰退，特別是睪固酮（Testersteron）的分泌減少對身心影響最為明顯，正常男性睪固酮的濃度是280～800ng/dL，這種因體內荷爾蒙分泌變化所產生的生心理現象，就是男性更年期。

●更年期不是女性專屬

　　更年期並非女性專屬，男性也有更年期，通常發生在40～60歲之間，主要因為這時期男性體內分泌的睪固酮減少，甚至大幅下降，而近年愈來愈多的臨床觀察發現，提前進入更年期的青壯年男性有逐漸增多的趨勢，足見男性更年期議題應該被更廣泛重視。

　　男性更年期是中年男性重要的生命轉折，其中包括荷爾蒙分泌、心理、生理、人際、社交、性生活及精神等不同層面，這些轉變有些人早在45～50歲就出現，有些人則在70歲之後才出現顯著變化。女性在進入更年期時，體內的荷爾蒙分泌會快速減少，而男性的荷爾蒙在中年時則以每年2%～3%的速率逐漸減少，較不會有明顯症狀，兩者有所不同。

男性更年期通常從40～55歲之間開始，有些人可能在30歲就發生，屬早發性，也有人到了60多歲、70歲才有症狀，甚至終生無明顯症狀。男性更年期延續的過程一般為5～15年，由於男性不存在女性「停經」的更年期信號，症狀也不若女性明顯，因此臨床上不易確定其發生及過程。

一般來說，男性更年期的發生時間比女性晚10年左右，不同男性在更年期也有不同的表現，有些人有荷爾蒙下降的現象，但卻沒有明顯的更年期症狀；也有人出現了男性更年期不適症狀，但仍保有正常的雄激素分泌。據統計，40～70歲的男性大約30%會出現更年期臨床症狀。

知名兩性專家伊恩・寇納（Ian Kerner）曾撰文指出，他注意到愈來愈多年輕人抱怨有性慾減退和勃起困難，並指出有一些臨床醫師認為這些問題可能跟肥胖、壓力與睡眠不足等原因有關，還可能是因為睪固酮低下所造成的。

而睪固酮低下仍以老年男性較常見，這種情形通常會隨著年齡增加而穩定發生，事實上，40歲以後，男性體內的睪固酮會逐年減少3%，到了60歲，約有20%的男性會經歷更年期。

如何認定男性更年期？

據估計，80歲男性的平均睪固酮量比年輕人少了約50%，因此可能出現諸如失眠、體重增加、肌肉和骨質密度降低、憤怒或憂鬱，及性慾減退、勃起困難等其他性方面的問題。

與女性不同的是，男性性腺與睪固酮的衰退是逐漸且緩慢的，且個體間存在較大的差異。通常30歲過後，男性荷爾蒙每10年會下降10%。老年男性除了睪固酮分泌總量降低之外，分泌的節律也會消失，且由於血清性的性激素結合蛋白（Sex Hormone Binding Globulin，SHBG）增加，會使具有生物活性的游離睪固酮（Free Testosterone）相對減少，最後造成身體可有效利用的睪固酮不足。

臨床上，可直接檢測游離睪固酮的量，或是以睪固酮總量除以SHBG，再乘以100來計算（FAI，游離雄激素指數），一般男性大約為70%～100%，如果FAI降到50%以下時，就可能出現男性更年期症狀。

根據ISSM（International Society for the Study of the Aging Male）的認定標準，除了歸納臨床上好發的更年期症狀，還須經過生化的血液檢驗，檢查睪固酮濃度或是活性是否低下，才能確診為

男性更年期。

有些更年期症狀，如疲倦、性慾減低、失眠、易怒、注意力及記憶力不佳等，可能是憂鬱症引起，糖尿病、高血壓或高血脂也會造成勃起困難，肝功能不佳則會引起疲倦，因此對於判定男性更年期，必須先找出是否為其他生理或心理疾病所造成，以免誤診。

● 男性更年期常見症狀

睡眠與情緒障礙經常是男性更年期主要的精神併發症，性功能障礙則是最常在泌尿科門診被提及的抱怨，其他常見症狀還有：

1. 情緒不穩定。

2. 沮喪或憂鬱。

3. 熱潮紅、心悸、盜汗（尤其是夜間）。

4. 性慾降低、性功能障礙（勃起困難或早洩）。

5. 缺乏活力、易倦怠。

6. 失眠。

7. 記憶力及注意力不佳。

8. 體重增加、上半身及腹部脂肪增加。

9. 肌肉鬆弛、肌耐力降低。

美國聖路易大學的約翰‧莫利博士（John E. Morley）認為，人體老化會使睪固酮濃度降低，這是造成認知功能、體力、肌力、骨骼密度、性慾降低的原因。根據因為睪固酮不足所引發的「老年男性雄激素部分缺乏症候群」（Partial Androgen Deficiency in Aging Male，PADAM）臨床症狀，莫利博士設計了一份簡單問卷，作為睪固酮不足的篩檢。

1.性慾降低？

2.感到缺乏活力？

3.感覺體力不足，同時也有耐力不足的情形？

4.身高有否減少？

5.發現自己「享受生活」的感受不如從前？

6.感到沮喪、憂鬱，或者脾氣變壞？

7.勃起時的硬度較以往差？

8.運動時感覺體力變差？

9.吃完晚餐後就感覺昏昏欲睡？

10.工作績效每下愈況？

如果第1題或第7題回答「是」，且（或是）有任三個問題回答「是」，建議應該接受進一步檢查是否有睪固酮缺乏的情形，以確認是否為男性更年期症狀。

●男性更年期的荷爾蒙補充療法

男性年過30，體內的睪固酮會以每年大約2%的比例下降，醫學研究曾統計，60歲、70歲、80歲男性，睪固酮低下的比例分別是20%、30%、50%。睪固酮下降對親密關係的影響包括：性慾降低、精蟲數減少、容易憂鬱、發怒，及性行為過程中最惱人的勃起困難。

睪固酮是男性荷爾蒙中最重要的

一種，其作用包括增進肌肉量與強度、改變體脂肪的比率與分布、維持骨密度、促進紅血球製造、刺激體毛生長、調節男性生殖功能等；它同時也會影響情緒，睪固酮過低時容易引發鬱悶、提不起勁、喪失性慾等情形，過高時則容易出現衝動、攻擊性傾向。

荷爾蒙補充療法的目的在減少或預防因男性荷爾蒙下降所帶來的生心理改變，補充適量外源性男性荷爾蒙會有以下好處：

1.改善性慾及勃起功能。

2.改善身體的肌肉與脂肪比例。

3.改善骨質密度。

4.改善認知能力。

使用睪固酮藥物後不適症狀會在3～6週內得到有效緩解，常用劑型有：口服、肌肉注射、經皮膚吸收的貼片、凝膠等四種。患者在治療前及治療後的每3個月一定要定期檢查體內睪固酮濃度，一旦補充到正常濃度時便要停止用藥，若補充到高出正常值則容易誘發前列腺癌。

男性荷爾蒙補充治療只能在醫生的指導下進行，擅自進行會導致嚴重的副作用，如陽痿、不育，有前列腺癌、男性乳癌情況者不可進行男性荷爾蒙補充療法，有肝病及心臟病者亦不適宜接受這項治療。

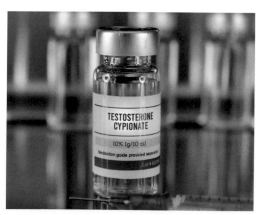

更年期不煩惱小百科

提升睪固酮的生活妙方

　　要提升睪固酮濃度，除了補充荷爾蒙，還可透過運動、飲食、睡眠及營養補充品等方法。

　　1.從事肌力運動：運動能增加睪固酮，但並非所有運動項目都有益，像馬拉松等耐力性有氧運動反而會降低睪固酮含量，深蹲及利用腿部與背部等大肌肉的舉重則能增加睪固酮，但這些動作年長者切勿輕易嘗試，以免造成骨折等危險。

　　2.補充碳水化合物：任何會促進肥胖和胰島素抗阻的飲食都會降低睪固酮，因為脂肪細胞就像海綿一樣會吸收睪固酮。給身體補充一些碳水化合物有助提升睪固酮濃度，但最好是由高纖蔬果、全穀物與豆類緩慢代謝出來的食物才好。

　　3.睡個好覺：多數睪固酮都是在早上5～7點的睡眠中產生的，提升睡眠品質能促進睪固酮分泌，而要有好睡眠，建議在晚上9點以後關掉手機、電腦和其他電子設備，它們發出的藍光會干擾睡眠。

　　4.營養補充品：經診斷為睪固酮低下的男性（正常睪固酮數值應介於300ng/dL～800ng/dL之間，若低於300ng/dL，可判定為睪固酮偏低），可考慮使用維生素D與鋅的補充劑，有助提升從食物來源補充不及的營養物質。

常見的男性更年期疾病

勃起障礙

根據台灣男性學醫學會統計，國內50歲以上的男性，四成以上有勃起障礙，且發生率隨年齡增長而增加。

男性勃起障礙的成因可分為「器質性」和「心因性」兩種。器質性的勃起障礙原因除了睪固酮下降，還包括高血壓、糖尿病等慢性病，使得血管阻塞、神經不若以往敏感，其他如腎衰竭、腎功能不佳、脊椎損傷等也會影響勃起功能，另外，肝硬化、腎功能不佳的治療藥物對性行為表現也有影響。

長期抽菸、喝酒、肥胖者也容易出現勃起功能障礙，因為酒精會影響肝功能，進而影響荷爾蒙的平衡，肥胖則會使男性荷爾蒙聚集在脂肪，使體內的女性荷爾蒙比例增加，進而導致性功能變差。

如果沒有上述問題卻仍有勃起障礙，多數是心因性因素導致，例如情緒沮喪、和伴侶感情不佳等。

50歲以後的勃起功能障礙，通常是器質性和心因性混合因素導致，要改善這類問題，補充男性荷爾蒙可治

療性慾低下，也能協助改善心因性的勃起障礙，不過，若有攝護腺癌和男性乳癌這兩種荷爾蒙相關癌症，則不適合進行荷爾蒙療法；血液濃度高者，血栓機率較高，補充男性荷爾蒙也必須小心。

　　除了荷爾蒙療法，也可選擇服用威而鋼、犀利士等處方藥，這類藥物的作用原理是放鬆、擴張血管、讓血液流入陰莖，達到持續勃起的效果。

攝護腺肥大

　　根據世界衛生組織（WHO）的研究報告指出，50歲以上男性約有75%的人會出現良性攝護腺肥大的問題，且年紀愈大罹患率愈高，可以說，攝護腺問題是男性更年期最易觀察且最易發生的症狀。

　　攝護腺又稱前列腺，是男性生殖系統的一部分，它位在膀胱的出口處，腺體剛好包圍著尿道，在男性骨盆腔的最下端。前列腺的主要功能是分泌前列腺液，作為精蟲的營養補給，保護精蟲離開男性身體，安全順利地進入女性陰道，達到生殖的自然使命。

　　攝護腺肥大與老化密不可分，但發生的真正原因至今仍不明確，可能與男性荷爾蒙刺激攝護腺腺體有關，還可能與男性年紀漸長之後荷爾蒙失衡有關。

　　男性大概在40歲前後，因體內荷爾蒙的濃度變化，攝護腺內部組織開始增生與變大，導

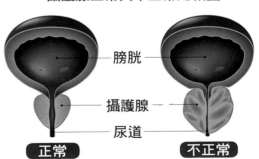

攝護腺正常與不正常比較圖

膀胱

攝護腺

尿道

正常　　　　　不正常

致出現如頻尿、夜尿、尿流量減少、出現緊迫尿意感、餘尿感等不適症狀。攝護腺肥大嚴格說起來並不是「肥大」，而是肌肉纖維不正常增生產生的良性瘤，有七成的發生原因為體質因素，過胖也是重要助因，研究顯示，動物性脂肪會促進組織增生，壓迫尿道，導致排尿困難。

攝護腺肥大在中高齡男性身上相當常見，50歲男性約五成有此問題，60歲時約六成、70歲時達到七成，年紀漸長發生率越高。初期症狀包括解尿變慢、頻尿，或老是覺得尿不乾淨，漸漸膀胱會變得敏感而出現膀胱過動症，這時要解尿除了尿道要用力，膀胱也得收縮，但尿道若是出現阻塞的情形，膀胱過度用力會產生彈性疲乏，最終就會尿不出來，甚至使排不出的尿液逆流到腎臟，引發腎水腫，嚴重者可能必須終生洗腎。

若擔心自己是否有攝護腺肥大的問題，可到醫院進行尿速測試，正常狀況下排尿速度約為每秒15～20cc，輕微攝護腺肥大患者每秒排尿量約10～15cc，這時期仍可吃藥控制，但若每秒排尿量不到10cc，顯示病況已經相當嚴重，可能得開刀挖除增生組織，才能使排尿順暢。

男性在步入中年後有以下症狀，就要留意是否為攝護腺肥大：

1.頻尿及夜尿。

2.解尿無力。

3.常有尿急感。

4.解尿後餘尿仍滴不停。

5.餘尿感。

6.血尿。

　　預防攝護腺肥大要注意少吃動物性脂肪、多運動、適度攝取含多元不飽和脂肪酸的南瓜子，而多吃大豆、魚類、茄紅素和維生素D、E含量豐富的食物，也有助減少攝護腺癌發生的機率。另有數據證實，男性20～30歲之間每週有五次以上射精，相對來說比較不容易得到攝護腺癌，這道理如同年紀大的人如果攝護腺還在，卻因為性生活減少，製造出來的精液沒能排泄掉，精液中的礦物質日積月累就會沉澱變成結石，結石會導致發炎，長期發炎就可能出現癌變。

　　輕微的攝護腺肥大可不需治療，調整以下生活方式即可獲得改善：

　　1.喝水不過量：每天喝1500～1800cc，儘量在白天喝，晚上少喝一點。

　　2.不必急著解尿：累積到200cc以上再解尿，可訓練膀胱張力，改善儲尿功能。

　　3.常做凱格爾運動：如同在解尿時嘗試把尿液中斷，詳細做法詳見前文P.62。

　　若已出現攝護腺肥大的情形，調整以下生活方式可加以改善並預防惡化：

　　1.避免飲酒或吃太辣：酒及刺激性食物會刺激交感神

經，容易導致症狀惡化。

2.多吃蔬菜水果，預防便秘：直腸在攝護腺後方，便秘會壓迫攝護腺使症狀惡化。

3.注意藥物使用：如抗腸胃痙攣的藥物可能導致症狀惡化，使用前需先徵詢醫師的意見。

 更年期不煩惱小百科

補充男性荷爾蒙藥物
會不會導致攝護腺癌？

　　根據研究，補充男性荷爾蒙藥物並不會使原先是良性的攝護腺肥大症狀轉變成惡性的攝護腺癌，但原先就已經是惡性的攝護腺癌，經過補充男性荷爾蒙藥物會加速攝護腺癌的轉移及惡化，因此在補充男性荷爾蒙前一定要先排除沒有攝護腺癌。

　　要排除攝護腺癌的檢查包括：抽血測定攝護腺異性抗原（PSA）、肛門指診、超音波、電腦斷層攝影（CT）、核磁共振（MRI）等。

睪固酮低下引起的新陳代謝症候群

新陳代謝症候群的五項定義包括：

1.亞洲男性腹圍超過90公分。

2.高血壓。

3.空腹血糖過高。

4.血液中三酸甘油脂過高。

5.血液中高密度膽固醇過低。

若上述標準有三項或超過三項符合，即被認定罹患新陳代謝症候群。有新陳代謝症候群代表罹患糖尿病、冠狀動脈心臟病、心肌梗塞與腦中風的機率會增加。研究顯示，男性的睪固酮濃度與新陳代謝症候群有高度相關，且病人所具有的異常項目越多，平均血中睪固酮濃度就越低。醫學科學目前已證實，年齡、肥胖及糖尿病都是荷爾蒙不足的獨立風險因子。

當體內睪固酮濃度越低時，身體中的肌肉組織含量比例就會下降，腹部脂肪囤積增加，進而使腰圍變粗，肥胖風險上升。歐美新的研究顯示，血中睪固酮濃度過低的人較一般人有更高的死亡風險，且這些人有較高的心血管疾病及癌症的致死率。

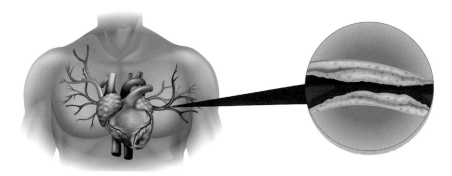

如何預防男性更年期不適？

上醫治未病，當然，更年期症狀不一定是病，但它帶來的不適可能對日常生活造成影響，長期下來有可能進展成疾病，不能不慎。身體如同一部機器，保養得好，就能用得久，如果你總是過度使用，又疏於照顧，必然使身體這部機器的使用年限提前到來。以下這些方法都是讓身體能長期正常運作的提醒，幫助你在中老年時仍能維持健康與活力。

1.減少攝食甜食、油脂及膽固醇含量高的食品。

2.高纖維飲食可降低血膽固醇及三酸甘油脂，並可促進腸道蠕動、減少便秘。

3.多攝取富含維生素C、維生素E、維生素A、β葫蘿蔔素的食物，這些營養素是天然抗氧化劑，能保護細胞，並能降低心血管疾病的發生機率。

4.使用天然食物或保健食品來改善攝護腺肥大的問題，如南瓜子。

5.多補充能抗氧化、抗老化的食物，如含維生素E、鋅、硒、魚油等，這些營養元素可加強血液循環。

6.失眠常因腦循環障礙導致，可藉由攝取銀杏果抽出物，促進腦部末梢血管循環來改善失眠症狀。

●幫助改善男性更年期不適症狀的飲食建議

如果已經出現更年期症狀，以下這些飲食建議可幫助緩解不適。

1.攝取如糙米、五穀米、地瓜、燕麥片等未精緻澱粉，這些全穀雜糧富含維生素B群，有助改善更年期疲勞症狀。

2.睪固酮濃度低下會導致腹部脂肪增加、肌肉量減少，多吃下列食物有助提升睪固酮濃度。

鋅：牡蠣、海鮮、牛肉。

硒：海鮮、堅果、雞蛋。

鎂：香蕉、堅果、深綠色蔬菜。

維生素D：牛奶、蛋黃、堅果。

3.避免骨質流失及出現骨質疏鬆的問題，每天至少應攝取1000毫克鈣質，含鈣食物如牛奶、芥藍、高麗菜、黑芝麻、小魚乾、板豆腐等。

4.攝取各類蔬菜，可保護心血管，控制血壓、血糖、血脂肪。

5.補充蛋白質食物時建議挑選雞蛋、豆類及其製品，如豆腐、豆漿等；吃魚和雞肉時最好去皮，少吃紅肉。

女性對男性更年期的正確認識

　　面對症狀不明顯的男性更年期，女人需要對其有正確的認識。由於女性可能較同齡男性更早經歷更年期的生心理轉變，且女性普遍對健康意識較男性有更多的理解及關注，加上更年期生心理轉變的影響不只及於個人，還包括家人、親友等，影響最多的當然還是有親密關係的伴侶，所以，女性對男性更年期必須有正確的認識，並應提醒身邊臨近更年期的男性做男性荷爾蒙檢查，並在必要時適時補充外源性荷爾蒙。

　　男性荷爾蒙補充療法對以下症狀有效：

　　1.失去活力，提不起勁。

　　2.性慾減退。

　　3.ED（勃起功能障礙）。

　　4.夜尿困擾睡眠。

　　5.頻尿。

　　6.關節酸痛、肩頸僵硬。

　　7.容易疲勞。

8.早晨睡起後仍感覺疲倦。

9.意志消沉、焦躁易怒

10.熱潮紅、盜汗。

11.肌肉無力。

　　另外，服用抗憂鬱劑對改善更年期不適症狀無效者，也可嘗試使用男性荷爾蒙補充療法。

更年期不煩惱小百科

男人自50歲起
應該每天服用男性荷爾蒙

　　男人在40歲以後血液中的睪固酮濃度就會開始下降，50歲後就會逐漸進入更年期，千萬不要忽略男性更年期！

　　當先生出現這些情況時，太太們一定要注意：

　　1.當先生脾氣變得古怪、孤僻、固執、易怒、吝嗇、記憶力變差、性慾低落、性能力變差時，就有可能是更年期到來。

　　2.正常男性睪固酮的濃度是280～800ng/dl，可以用健保接受抽血檢驗，如果小於300ng/dl，就可確診為更年期。

　　3.可以每天口服補充睪固酮，或是以針劑每月補充一次，效果都很顯著。

●睪固酮濃度對中高齡男性身心健康具有重要意義

　　一提起睪固酮，很多人會聯想到「禁藥」，確實，睪固酮有增強肌肉的作用，國際奧委會（IOC）為防止運動選手濫用藥物，將睪固酮列為禁藥，但除了特別用於增強肌肉的作用，一般人使用睪固酮只要遵照醫師指示的用量並不會有問題，甚至可說它是一種副作用少、安全性高的藥物，維持體內睪固酮濃度對提升中高齡男性身心健康具有重要意義。

　　雖說睪固酮對中高齡男性身心健康有益，但荷爾蒙療法的使用時機與年齡並無相關，從出現男性更年期障礙（LOH症候群）的40、50歲世代，到70、80歲世代都適用，且愈高齡者積極接受荷爾蒙療法可以讓生命更有活力。

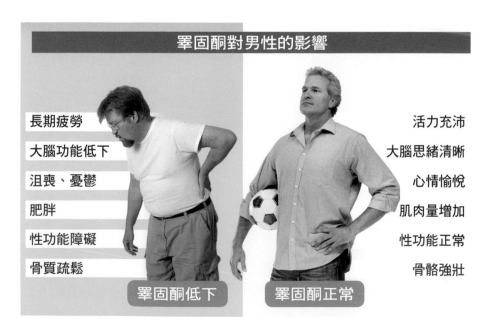

睪固酮對男性的影響

睪固酮低下	睪固酮正常
長期疲勞	活力充沛
大腦功能低下	大腦思緒清晰
沮喪、憂鬱	心情愉悅
肥胖	肌肉量增加
性功能障礙	性功能正常
骨質疏鬆	骨骼強壯

　　攝護腺癌是男性最常見的癌症之一，其發生與年齡有關，年齡愈大發生率愈高。根據我國衛生福利部2016年的統計，攝護腺癌位居國人十大癌症死亡率的第六位。攝護腺又稱為前列腺，是男性生殖系統特有的器官，其功能包含調控尿液與精液的排出、分泌精液幫助精蟲提升活力，以及分泌睪固酮等。

　　攝護腺特定抗原（PSA）是攝護腺上皮細胞分泌的一種醣蛋白，若癌細胞破壞基底層，會造成血液中的PSA濃度上升，正常PSA值為3ng/ml，一旦PSA值異常升高，就應接受進一步的檢查，若PSA小於3ng/ml，但指診異常或每年上升幅度大於0.35ng/ml，仍須考慮做切片檢查。

　　需要注意的是，除了攝護腺癌之外，攝護腺肥大、泌尿道感染、射精、騎乘腳踏車等，也可能使PSA上升。

　　男性50歲過後除了檢測PSA，還應定期抽血檢測男性荷爾蒙（即睪固酮）濃度，睪固酮對人體的主要功用在維持生殖能力、性功能及男性特徵（體毛、聲音、體型等），也與肌肉骨骼的強度、體能耐力、精神狀態、情緒穩定及新陳代謝有關。國外研究發現，某些生理或心理因素也可能左右睪固酮的分泌，例如頻繁的性刺激對睪固酮濃度有正面影響，經常憂慮、壓力大、少運動則有負面影響。

　　抽血檢驗睪固酮最好在上午8～10時，這是因為睪固酮在體內的濃度有週期性，上午較高、下午較低，也因為如此，檢測睪固酮最好能在不同時間做兩次測定，兩次結果都偏低才能診斷為睪固酮低下症。

　　有時患者出現睪固酮低下症的症狀非常明顯，但抽血檢查的結果卻顯示正常，這時可進一步檢查游離睪固酮的濃度。一般抽血檢查的是總睪固酮，事實上，睪固酮中有85％和性荷爾蒙結合球蛋白（SHBG）緊密結合，另外10％～15％和白蛋白結合，僅1％～2％不和任何蛋白質結合，稱為游離睪固酮。大部分和SHBG結合的睪固酮都不具有生物活性，只有後兩者才具有生物活性，因此測定游離睪固酮比測定總睪固酮更能反映實際的睪固酮狀態。

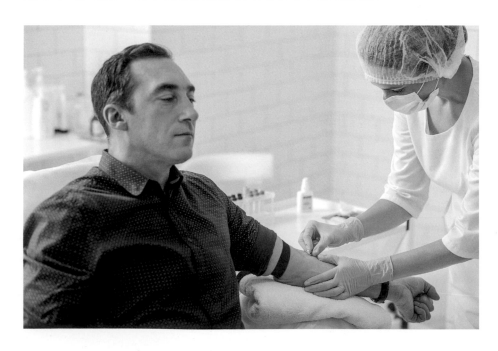

更年期的解方──
荷爾蒙療法

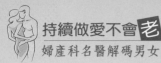
荷爾蒙療法的效用

　　女性在更年期以後，由於卵巢分泌荷爾蒙（包括雌激素及黃體素）的功能停止，會出現臉潮紅、夜間盜汗、陰道乾澀、尿急、尿頻等症狀，而荷爾蒙療法即是補充雌激素不足，是解決這些不適症狀最有效的方式。

　　荷爾蒙療法的功效在今日已被醫界證實並普遍使用，但在1970年代早期，醫生發現很多服用雌激素的女性罹患子宮內膜癌，推究其原因是因為雌激素刺激子宮內膜生長，引致潛在癌細胞生長，為此，醫界發現了一種保護子宮的方法，就是將黃體素與雌激素合併使用，利用黃體素來抗衡雌激素對子宮內膜的效應，以預防癌細胞轉變；解除了這層顧慮，之後的很多研究指出，荷爾蒙療法不只能適當治療女性更年期不適症狀，還可以預防骨質疏鬆症、心臟病及中風，使荷爾蒙療法如今成為治療更年期不適症狀的主流方法。

●荷爾蒙療法還能抗老化及預防疾病

　　荷爾蒙補充療法不只能改善更年期不適症狀，還能事先預防荷爾蒙減少後容易引發的疾病，如抗老化及預防老年疾病。

　　1.改善脂質代謝：雌激素可減少血液中的壞膽固醇，增加好膽固醇。

　　2.預防動脈硬化：雌激素可保護血管壁，讓血管保持彈性，預防動脈硬化。

　　3.強化骨骼：雌激素可抑制前驅蝕骨細胞分化成成熟的蝕骨細胞，抑制骨質被吸收的速度，還能改善骨質代謝，增加骨質。

　　4.消除陰道乾癢：雌激素的保濕效果可防止陰道乾燥及改善因乾燥引起的外陰發癢、性交疼痛。

　　5.保持認知能力：有研究顯示，女性荷爾蒙可預防阿茲海默症，不過對已經發生的記憶障礙相關症狀並無明顯療效。

　　6.減少皺紋：補充荷爾蒙可減少停經時造成的肌膚萎縮，有助緩和皺紋生成的數量及深度。

　　7.增進口腔健康：有研究顯示，女性荷爾蒙可預防牙周病及促進唾液分泌，並能維持下巴骨骼安定，這對需要植牙者有很大幫助。

　　8.維持肌膚彈性：雌激素可增加膠原蛋白及保持肌膚水分，使肌膚顯得水潤、有彈性。

哪些人需要荷爾蒙療法？

如果月經持續三個月沒來，開始有臉潮紅、夜間燥熱的現象，就應該求助醫師，藉由醫學抽血來判斷血液中的女性荷爾蒙（E2）是否低於30，及腦下垂體促濾泡成熟激素（FSH）是否超過40，若是，即可診斷為更年期，需要開始接受荷爾蒙補充治療；**提醒臨屆更年期的女性，有不適症狀要及早就醫治療，若未經治療，停經愈久對身心的傷害愈大。**

另外，過早停經的女性也適合使用荷爾蒙療法。國人停經的平均年齡為51歲，但也可能更早發生，如果女性在40歲左右就停經，即為早發性停經。過早停經確切的生理原因至今尚未清楚，可能是由癌症的化學治療或放射治療引起，或在卵巢切除手術後發生，已切除子宮但保留卵巢的女性，通常比未接受手術者早幾年停經。

過早停經的女性如果未經治療，罹患骨質疏鬆症及心臟病的風險特別高，這些人的死亡風險也比正常時間發生停經的女性要高。

更年期不煩惱小百科

為什麼使用荷爾蒙療法
3個月後要複診？

這是要確定患者使用的荷爾蒙藥物是不是適合，在患者習慣某一種類型的荷爾蒙療法後，只需每年複診1次，但如果過程中有任何疑問，須隨時與醫師聯繫，以便適時調整更適合的治療方式。

●採用荷爾蒙療法以不超過5年為原則

荷爾蒙治療以低劑量的雌激素為主，用於改善更年期症候群，療程以不超過5年為原則，症狀一旦緩解或消失，應考慮減量或停藥。

更年期及停經女性因為雌激素下降導致血管運動機能不穩定的症狀，臨床試驗發現，以雌激素加上低劑量雄激素治療熱潮紅、心悸及夜間盜汗，比單純使用雌激素的效果好。

雌激素藥物型態有口服、經皮及經陰道等方式，經陰道使用並無全身性的影響，因為子宮內膜會受雌激素影響而增生，長期單獨使用雌激素會增加子宮內膜癌的發生率，配合使用適量的黃體素可保護子宮內膜，避免發生子宮內膜癌。若是已切除子宮的女性，只補充雌激素即可，不需添加黃體素。

更年期不煩惱小百科

使用荷爾蒙療法5年後想停用，可以馬上停用嗎？

突然停用會使不適症狀復發，應該遵從醫師的指導，漸進式停用，過度期約需要2～3個月的時間。

適合乳癌患者的荷爾蒙療法

許多罹患乳癌的女性，即使深受更年期缺少雌激素的痛苦，卻被告知不能使用荷爾蒙治療，更甚者是有良性纖維瘤也不敢服用女性荷爾蒙！其實這個觀念不全然正確，因為乳癌患者雖然要避免使用荷爾蒙藥物，還是有其他可替代的女性荷爾蒙和藥物，這些藥物可達到解除各種不適症狀的效果，也同樣可以預防骨質疏鬆症，還不會造成乳癌細胞增生。

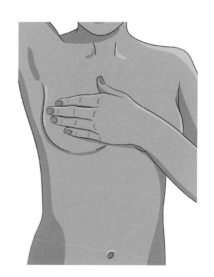

●乳癌患者有可用之藥，不必再忍受更年期的痛苦

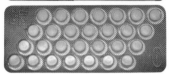

利飛亞錠Livial（化學名tibolone，2.5MG/28顆/盒）具有特殊作用機轉，有別於傳統荷爾蒙補充療法，為單一成份之產品，在身體不同組織可產生不同作用，其功效說明如下：

1.可治療更年期障礙。

2.可穩定因卵巢功能喪失後更年期期間之下視丘-腦下垂體系統。

3.可抑制更年期後女性腦下垂體荷爾蒙濃度，且抑制生育期女性之排卵。

4.不會刺激更年期後女性之子宮內膜。

5.可抑制更年期骨質流失。

6.可減輕熱潮紅及盜汗症狀。

7.有助提升性慾及穩定情緒。

8.在動物及乳癌細胞實驗上都已經被證實有抑制乳癌細胞生長的作用。

9.耐受性佳，比其他荷爾蒙補充療法的副作用少，沒有子宮內膜和乳房刺激的作用，能減少發生熱潮紅、情緒不穩定、陰道乾燥和骨質疏鬆等狀況。

利飛亞錠Livial仍有一些副作用，說明如下：

1.偶爾會出現體重改變、眩暈、痤瘡、陰道出血、頭痛、腸胃不適等情形。

2.臉部毛髮增生。

3.脛部水腫。

表：各式荷爾蒙療法用藥風險比較

	雌激素	雌激素+黃體素	tibolone	Raloxifene
乳癌	無風險	風險較高	風險較低	風險較低
子宮內膜癌	風險較高	無風險	無風險	無風險
心臟病及中風	風險較高	風險較高	風險較低	風險較高
靜脈血栓	風險較高	風險較高	風險較低	風險較高

表：各式荷爾蒙療法用藥效用比較

	雌激素	雌激素+黃體素	tibolone	Raloxifene
骨密度	可改善	可改善	可改善	可改善
熱潮紅及盜汗	可改善	可改善	可改善	可能惡化
陰道症狀	可改善	可改善	可改善	不變

●在醫生指導下服用荷爾蒙不會增加罹患乳癌的風險！

　　一般民眾可能由媒體、朋友或其他管道得知「不要服用荷爾蒙」，說荷爾蒙會致癌，而情願在更年期忍受熱潮紅、盜汗、長期失眠等難以忍受的痛苦，其實這種說法是不正確的！

　　研究證實，絕大多數的乳癌是因為本身即擁有BRCA1或是BRCA2基因的人，如好萊塢巨星安潔莉娜裘莉即是，有這些基因的人容易引發癌症。要知道自己是否潛藏癌症基因可抽血檢測，如果沒有，應該可以視本身更年期症狀嚴重程度權衡是否使用荷爾蒙療法，並在醫師指示下安心使用荷爾蒙。

　　若是子宮已經切除，只用雌激素治療並不會增加乳癌的發生

CH**4**

更年期的解方——荷爾蒙療法

更年期不煩惱小百科

服用荷爾蒙會致癌嗎？

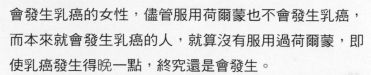

「荷爾蒙會致癌」是一個廣泛被流傳的錯誤觀念，使許多因更年期缺乏荷爾蒙造成身體不適想用荷爾蒙治療的人產生困惑。使用荷爾蒙正確的觀念應該是：本來不會發生乳癌的女性，儘管服用荷爾蒙也不會發生乳癌，而本來就會發生乳癌的人，就算沒有服用過荷爾蒙，即使乳癌發生得晚一點，終究還是會發生。

荷爾蒙絕對不是誘發乳癌的因素，所以需要接受荷爾蒙療法的人不需要過度解讀和顧慮。但如果已確診罹患乳癌，或是已經測知本身有乳癌基因，或是有家族病史，就不要使用荷爾蒙，尤其是雌激素，因為某些種類的乳癌細胞會因為荷爾蒙而加速癌細胞生長。

在用與不用之間，以上的說明應該可提供患者做理性考慮以解決困惑，毋需人云亦云。

當妳為更年期症狀所苦，如果沒有特別的體質，如癌症基因，及本人或家族成員有癌症病史，為了求得更好的健康品質及愉快的生活，應該理性接受荷爾蒙療法，毋需有過多顧慮！

103

率；一般有子宮的女性，服用雌激素能有效解除更年期不適症狀，但必須同時服用黃體素來保護子宮內膜，這種方式叫做「混合型荷爾蒙療法」，使用混合型荷爾蒙療法並不會增加乳癌的發生率，可安心使用；至於已經切除子宮的人則不必給予黃體素。

非與荷爾蒙療法相關的乳癌風險因子

- 家族病史
- 第1胎為高齡生產
- 延後停經
- 提早初經（初經年齡早於10歲）
- 停經後肥胖
- 酗酒

更年期不煩惱小百科

乳房有纖維瘤，但更年期不適症狀很嚴重，可以使用荷爾蒙療法嗎？

可以的，但最好先抽血做乳癌基因檢測，看看有沒有BRCA1、BRCA2，或是妳的親屬（如祖母、媽媽、阿姨、姊妹）中有無乳癌病史，如果沒有，原則上可以使用荷爾蒙療法，不會增加罹患乳癌的機率。

解開服用荷爾蒙會增加乳癌的迷思！

　　時下許多人有一種錯誤觀念：服用荷爾蒙會增加乳癌的風險，其實不然！對於仍有子宮的女性，更年期服用雌激素時必須同時服用黃體素，這樣能預防子宮內膜過度增生，降低罹患子宮內膜癌的風險。

　　對於荷爾蒙療法的正確觀念是：

　　1.單純雌激素並不會增加乳癌的風險。

　　2.天然的黃體素也不會增加乳癌的風險。

　　法國維勒瑞夫國立健康與醫學研究院的研究團隊，針對80377位停經且服用荷爾蒙的女性追蹤長達8年以上，分析其服用不同黃體素與乳癌發生的機率，結果發現使用口服天然黃體素的女性罹患乳癌的機率並沒有增加。

　　台灣有兩種口服的天然黃體素：Utrogestan（優潔通）和Duphaston（得胎隆），兩者都沒有會增加罹患乳癌風險的證據，所以有需要接受荷爾蒙療法治療更年期症狀的女性實在不需過慮！

　　（以上內容參考《能夠長壽無病的保健新概念》，王馨世著）

● 乳癌其實大多數是基因引起，不是服用荷爾蒙造成

女性停經後，為了改善更年期症狀所使用的荷爾蒙療法，可能會激發乳癌提早出現，卻不會誘發乳癌發生。也就是說，有乳癌遺傳基因的人，即使沒有服用荷爾蒙，乳癌發生的機率也很高，使用荷爾蒙療法則會誘導乳癌提前發生；但是對於沒有乳癌遺傳基因的人，荷爾蒙療法誘導乳癌發生的機率很低，在停止服用荷爾蒙後，乳癌發生的機率也會逐漸降低。

依據台灣國民健康署的資料，交叉比對美國與台灣人口總數的數據發現，台灣女性發生乳癌的機率約為美國女性的一半或更少，根據研究，連續服用混合型荷爾蒙滿4年以上，台灣每年每1萬名女性乳癌的人數約為3～4人，而沒有子宮的女性單獨服用雌激素並不會增加罹患乳癌的風險。

● 可以抽血做癌症基因檢測瞭解自己是否有癌症基因

國際知名影星安潔莉娜裘莉的母親2007年在與乳癌纏鬥近10年後撒手人寰，她的外婆40多歲時就因乳癌過世、阿姨也死於癌症，醫生認為，裘莉是癌症遺傳基因的高風險群，罹患乳腺癌的機率高達87%，為避免癌症上身，裘莉採取積極措施，在2013年毅然切除雙乳，此舉震驚各界。而繼摘除乳房後，她又在2015年切除卵巢、輸卵管，希望能躲過「家族乳癌」的魔咒。

因為有癌症家族病史，安潔莉娜裘莉進行了基因篩檢，發現自己擁有「BRCA1」基因，有這種基因表示容易誘發癌症，罹患乳腺癌及卵巢癌的機率分別高達87%、50%，為了避免日後癌症纏身，

她同意動刀預先摘除相關器官及組織。手術後,她必須長期服用荷爾蒙以維持內分泌平衡,也必須定期做健康檢查。

BRCA1位於第17(17q21)、BRCA2位於第13(13q12.3)對染色體上,這兩個基因屬於抑癌基因,負責雙股DNA損壞的修復機轉,經由此修復機轉,雙股DNA可以正確無誤的修復。這兩個基因若其中之一發生缺陷,則雙股DNA受到攻擊斷裂後將無法正確修復,當細胞內DNA損壞累積到一定程度,就會發生癌變。

所謂BRCA1與BRCA2帶因者,指帶有BRCA1或是BRCA2的基因突變單一等位基因,當人體在生長過程中因環境或其他因素,另一個等位基因上的BRCA1或BRCA2亦發生變異,使BRCA1或BRCA2完全喪失,就容易發生乳癌、卵巢癌、胰臟癌與攝護腺癌等癌症。

因此,遺傳學家定義BRCA1與BRCA2帶因者為顯性遺傳,罹癌的機率亦隨著年紀增長而上升;帶有BRCA突變基因者,乳癌的發生年齡較一般患者早(約在20～30歲),至70歲發生乳癌的機率約為40%～87%,發生卵巢癌的機率約為16%～60%。這兩個基因中,BRCA1又比BRCA2對乳癌有較重要的影響。

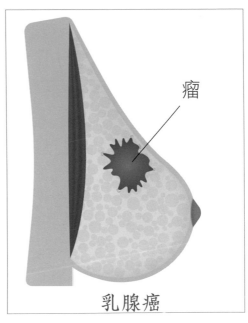

瘤

乳腺癌

更年期不煩惱小百科

乳癌患者已經做完手術及化療，但更年期有很嚴重的燥熱症狀，可以使用荷爾蒙療法嗎？

不可以，目前還沒有任何一種合成荷爾蒙或是植物性荷爾蒙可以給已經罹患乳癌的患者安全使用。

荷爾蒙補充用藥怎麼用效果最好？

補充荷爾蒙的方式分為口服、肌肉注射、塗抹、經陰道，究竟哪種用藥途徑效果好？各有什麼優缺點？

荷爾蒙療法有兩種分類，單獨使用雌激素者稱為「雌激素療法」，合併雌激素與黃體素者稱為「混合型療法」。一般來說，如果已切除子宮，可以單獨使用雌激素；若仍保有子宮，則必須使用混合型療法，以免因雌激素對子宮內膜的刺激太多，引發子宮內膜過度增生或出現子宮內膜癌。

　　在口服、肌肉注射、皮膚吸收、陰道吸收等使用方式中，除了口服方式之外，其他三種方式統稱為非口服雌激素。至於該選擇哪種雌激素製劑？主要是以使用的方便性、效益、可能的副作用、症狀表現的種類及發生部位等作為判斷依據。

　　口服、肌肉注射、經皮膚吸收的雌激素，主要經由血液循環吸收代謝，直接作用在陰道的雌激素濃度較低，無法有效改善陰道乾澀、外生殖道萎縮、性交疼痛等問題，但經陰道吸收的雌激素為直接塗抹在陰道壁上，由陰道直接吸收的濃度高、效果好，可明顯改善上述不適症狀。經陰道吸收會使血液中的雌激素濃度快速上升，收效非常快，但提醒有子宮且長期使用這類藥物的女性，必須同時使用黃體素，以免發生子宮內膜過度增生或子宮內膜癌。

經皮膚吸收的
雌激素藥膏

　　患者若有荷爾蒙療法的相對禁忌，如缺血性心臟病、肝功能異常、有乳癌家族史、有血管性血栓症病史、有中風病史、有膽結石病史等，需經醫師進一步評估，確認患者使用藥劑的好處遠大於風險，才能短期使用，且症狀改善後就應考慮停用。

經陰道吸收的
雌激素軟膏

表：不同荷爾蒙用藥途徑的優缺點比較

用藥途徑	優點	缺點
片劑	• 容易使用 • 容易逆轉 • 價格較低廉 • 可合併黃體素使用	• 荷爾蒙需經肝臟輸送 • 必須每日服用
皮膚貼片	• 便利 • 容易使用 • 荷爾蒙經血液輸送，較自然 • 容易逆轉 • 可合併黃體素使用	• 會脫落 • 會刺激皮膚 • 價格比片劑貴 • 需每週更換1～2次
凝膠	• 容易使用 • 容易逆轉 • 荷爾蒙經血液輸送，較自然	• 價格比片劑貴 • 必須每日使用 • 覆蓋皮膚的面積必須足夠 • 如有需要需另服用黃體素
鼻噴劑	• 容易使用 • 荷爾蒙經血液輸送，較自然 • 副作用較少 • 容易逆轉	• 長期效果未明 • 價格比片劑貴 • 需每日使用 • 如有需要，需另服用黃體素 • 雌激素上升會加劇偏頭痛症狀 • 可能有輕度的鼻敏感症狀
植入物	• 劑量準確 • 價格較低廉 • 效期為4～12個月 • 荷爾蒙經血液輸送，較自然	• 需做小手術 • 不能快速逆轉 • 會引致荷爾蒙非自然上升 • 最後一次植入後，必須持續服用黃體素一段時間
陰道式乳液／栓劑	• 容易逆轉 • 針對陰道症狀效果很好	• 某類雌激素會被吸收進入血液 • 使用較不方便 • 使用超過3個月可能需要補充黃體素

更年期不煩惱小百科

有血栓病史，但正在進行荷爾蒙療法，搭飛機時需要暫停服用荷爾蒙藥物嗎？

荷爾蒙藥物會增加小腿（深部靜脈）及肺臟（肺靜脈）血栓的風險，所以進行荷爾蒙療法的患者在搭乘飛機時，要定時起來走動、大量喝水及穿壓力彈性襪，坐著時要經常上下左右轉動頸部，並經常屈張腳跟及手腕，穿比平常尺寸大半號的平底鞋（因為即使下飛機後，腳腫仍可能會持續數小時），有這些防護措施，可不用停藥。

荷爾蒙療法的副作用

　　因為不同的黃體素製劑對子宮內膜有不同的作用，不同的個體對同一種黃體素製劑的反應也不盡相同，因此交叉對應之下就可能出現不規則的子宮出血。其他可能的副作用還有水分滯留帶來的水腫，及乳房脹痛、陰道分泌物增加、胃腸脹氣、頭痛等。對於過多或過久的異常出血，可以增加黃體素的劑量、使用期程，或者更換其他的黃體素製劑來加以改善。

　　使用雌激素或黃體素發生的副作用，通常會在第1次使用後2～3個月內得到緩解。

使用雌激素常見的副作用

水腫、乳房疼痛、噁心、胃部不適、小腿痙攣

使用黃體素常見的副作用

水腫、乳房疼痛、噁心、憂鬱、頭痛、情緒不穩、
腹痛、背痛、長青春痘

更年期不煩惱小百科

服用荷爾蒙會變胖嗎？

　　服用雌激素確實會引起水分滯留與水腫，會輕微的增加體重，約1～2公斤，這種情況只要使用利尿劑大多可以改善，且停止服用荷爾蒙後，滯留在身體內的水分也會從尿液排出，水腫就會消退。

　　但如果一路胖超過5公斤以上，就應該檢討自己的食慾，並有效控制，不能只是一味責怪荷爾蒙。

不適用荷爾蒙的替代療法

　　荷爾蒙療法雖然可有效改善停經後女性的更年期症狀，不可避免的它還是會存在一些合併症與禁忌症，若經醫師評估後不宜使用，或因個人意願不願使用荷爾蒙療法，可採用以下替代療法。

　　1.大豆異黃酮：它含有植物性雌激素，可改善輕度、中度的熱潮紅，至於重度的熱潮紅效果就相當有限。與雌激素相較，替代性的大豆異黃酮只能改善熱潮紅，無法治療骨質疏鬆症，也不能改善生殖泌尿道的不適症狀。

　　2.抗憂鬱症藥物：有些抗憂鬱症藥物也有改善熱潮紅的效果，主要看該藥物是否含有選擇性血清素再攝取的抑制劑，這種成分可

降低熱潮紅發生的頻率及強度。但由於抗憂鬱症藥物的主要作用並不是用來改善熱潮紅，所以只適合做為短期治療，長期服用的副作用較多，一旦熱潮紅改善應儘快停藥。

3.改變生活型態：包含減重、戒菸、規律運動（每天至少30分鐘）、處在較低溫的環境、做肌肉放鬆運動與深呼吸訓練等，適合的運動項目像是慢跑、快走、游泳、有氧運動（韻律操、韻律舞）、瑜珈、太極拳等，都有助改善熱潮紅。慢跑、快走、有氧運動屬於對抗重力的運動，還可幫助增加骨質密度，預防骨質疏鬆；游泳可增進心肺功能，提高肺部的換氣效果，增加血液的攜氧能力；肌肉放鬆運動與深呼吸訓練對減緩熱潮紅的頻率、次數及強度有幫助，也可幫助紓壓，改善焦慮。

4.激素替代療法（HRT）：這是對熱潮紅可說是最有效的治療方式，不過它會有增加中風及血栓的風險，建議必須在醫師的處方下接受治療。

更年期的激素替代療法，對於沒有子宮的女性會使用雌激素，有完整子宮的女性則使用雌激素加黃體素。

有些女性不適合進行激素替代療法，例如因肥胖或是曾有過靜脈血栓等心血管疾病，或是血栓栓塞性疾病風險較高、特定癌症風險較高的人。

在激素替代療法中加入睪固酮，對於更年期女性的性功能有正面幫助，不過這也會有毛髮增長、痤瘡和高密度脂蛋白（HDL）膽固醇降低的副作用，至於副作用的顯現及程度則視睪固酮的劑量和使用方式而定。

更年期不煩惱小百科

使用荷爾蒙療法的前幾個月，身體會有哪些不同的感覺？

依我替女性患者做荷爾蒙補充療法的經驗顯示，大多數人在短時間內就能獲致驚奇的效果，夜間盜汗及熱潮紅的症狀最明顯消失，睡眠品質也因此改善了，但患者幾乎都抱怨兩側乳房有脹痛感、腹腔有灼熱感，且陰道的分泌物也會變多，這些症狀都是使用荷爾蒙療法後的正常現象。

因為不適應這些症狀，有人便不想再繼續該治療方式，我通常會向她們解釋，更年期後女性體內的荷爾蒙減少，會不動聲色的使妳的乳房組織慢慢衰退萎縮，驟然接受到荷爾蒙，便如久旱逢甘霖，受體組織如乳房、腹腔、陰道，會因為荷爾蒙的滋養而恢復豐潤，只要經過三個月身體就會適應了。

果然，持續此療法的患者不久之後因為感覺回春了，各個眉開眼笑！

天然荷爾蒙──大豆異黃酮

　　大豆異黃酮是一種植物性雌激素，又稱為植物動情激素，是一種天然荷爾蒙，1公斤大豆只能萃取17.5毫克的大豆異黃酮。根據研究，大豆異黃酮對於熱潮紅、失眠、躁動、憂鬱、無力、關節酸痛、肌肉疼痛、心悸等更年期症狀有明顯的改善效果。

　　增加大豆異黃酮的攝取和降低更年期不適的關係早在1992年就已經被探討，大豆富含大豆異黃酮素（isoflavone），具有抗氧化及直接抑制自由基的能力，能預防動脈硬化、抑制癌細胞增生及誘導癌細胞凋亡，異黃酮素中以金雀異黃酮（genistein）和黃豆苷元（daidzein）為主要生理功能的成份。

　　2015年，研究證實大豆異黃酮對於乳腺、子宮和甲狀腺並不具危害性，它是自然存在於黃豆、紅四葉草、豆腐的一種植物異黃酮，常添加在營養補充品中，在人體中可發揮類似雌激素的功效，對於特定組織如子宮及乳房有抗雌激素反應，因此又被稱為植物雌激素（phytoestrogen）。

　　臨床實驗結果顯示，相較於安慰劑，攝取大豆異黃酮6～12個月可顯著降低熱潮紅的發生率（>20%），但大豆異黃酮減緩熱潮紅的效率比雌激素的治療來得緩慢，至少需要使用12週以上才

可達到最大效用。大豆異黃酮對於減緩更年期女性骨質流失也有幫助，研究證實，停經後有骨質疏鬆情況的女性，在使用金雀異黃酮24個月後，可減緩骨質流失的速度，對骨質密度有正向影響。

但喝豆漿並不等同於服用大豆異黃酮的營養製品，所以喝豆漿不能替代荷爾蒙療法。

讓女性充滿活力的睪固酮

對於女性更年期治療，除了行之有年的雌激素（女性荷爾蒙），近幾年來抗老醫學則把焦點投注在另一種人類荷爾蒙──男性荷爾蒙。

雖然人類對於男性荷爾蒙生理學的瞭解還沒像雌激素那麼透澈，衰老的過程或許可看作是卵巢及腎上腺分泌量減少的部分原因，但男性荷爾蒙在女性自然停經的過程中，其分泌量並不像雌激素那樣急速下降，而是以較緩慢的速度下降；在男性荷爾蒙下降過程中所伴隨的症狀，也不像雌激素缺乏所引發的血管運動機能不穩定（如熱潮紅、盜汗）那麼明顯。依目前的醫學研究顯示，女性在更年期時

使用男性荷爾蒙對於某些器官如骨頭、大腦有正面且特定的效益，但是否服用男性荷爾蒙就可改變男性荷爾蒙下降所引發的症狀，醫學上仍未有定論。

以下就女性體內男性荷爾蒙的生理學及生理效應、男性荷爾蒙缺乏時所伴隨的症狀，及外源性男性荷爾蒙的使用與注意事項分別做說明。

●女性體內的男性荷爾蒙來源

女性體內的男性荷爾蒙主要有三種來源，分別是卵巢、腎上腺及週邊組織，週邊組織具有男性荷爾蒙間相互轉換及將男性荷爾蒙轉變成雌激素的任務，例如在毛囊皮脂腺中它可以將睪固酮（testosterone）轉換成更具男性荷爾蒙效力的雙氫睪固酮（dihydrotestosterone，DHT）及雄烯二酮（androstenedione）。藉由測量血清中睪固酮濃度可得知卵巢中男性荷爾蒙分泌的情況，它在月經週期中期有一個小高峰，如同促黃體生成素（luteinizing hormone，LH）一樣，其餘時間濃度保持恆定狀態。停經後，男性荷爾蒙在卵巢及腎上腺分泌量減少較多，在週邊組織

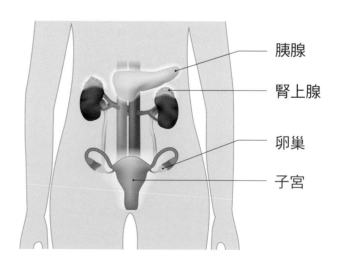

胰腺

腎上腺

卵巢

子宮

減少的量則相對較少，且雄烯二酮減少的量比睪固酮來得多。

大部分的研究顯示，女性體內的睪固酮在停經後的下降速度是非常緩慢的，且它的下降速率與LH的濃度有關。因此，這顯示停經後女性的卵巢還是保有分泌睪固酮及雄烯二酮的能力，所以停經期接受雙側卵巢切除的女性，分泌睪固酮及雄烯二酮的能力會降低50%左右，通常在70歲以後睪固酮分泌才會顯著降低。

●補充男性荷爾蒙的好處

1.男性荷爾蒙對性慾的影響

研究顯示，性慾高低與血中睪固酮濃度有正相關，補充男性荷爾蒙對接受子宮及雙側卵巢切除的女性，在增加性慾方面有超乎想像的效果，但對只接受子宮切除的女性給予男性荷爾蒙補充，則對增加性慾沒有多大幫助。

2.男性荷爾蒙對血管運動機能的影響

早在1950年醫學研究已經表明，男性荷爾蒙能改善停經女性血管運動機能不穩定的症狀，如熱潮紅、心悸、盜汗等。許多臨床試驗發現，以0.625mg或1.25mg的雌激素加上2.5mg的甲基化男性荷爾蒙（methyltestosterone）來治療血管運動機能不穩定症狀的效果比單獨使用雌激素好，但若使用較高劑量（5mg）的甲基化男性荷爾蒙加上雌激素0.625mg，則治療效果不如單用雌激素好。

3.男性荷爾蒙對情緒的影響

研究證實，「單獨使用男性荷爾蒙」或「男性荷爾蒙與雌激素合併使用」對更年期情緒障礙患者均能有治療效果，如變得更樂觀進取、更有活力，也有提高食慾、改善失眠及改善陰道乾燥的功效，尤其是使用有「超級荷爾蒙」之稱的DHEA者，可以在兩週之內達到理想的男性荷爾蒙濃度。

超級荷爾蒙DHEA

DHEA（Dehydroepiandrosterone，去氫皮質酮）有「增強女人性慾的超級荷爾蒙」之稱，它的作用包括強化肌肉、穩定產生性荷爾蒙、維持礦物質平衡、擴張血管、預防老化等，和雌雄激素一樣有回復青春的功能，因此有「抗老仙丹」、「荷爾蒙之母」、「超級荷爾蒙」、「青春激素」等別名，它不但能提升更年期女性心理及生理對性的渴望，同時也能提高陰道壁伸縮脈衝及陰道的血流量，改善女人性冷感、增強女人性慾，且可長期服用；此外，它還能防止骨骼老化和動脈硬化、促進輸卵管發育，對腰痛、膝痛也有一定的改善效果。

有肝臟疾病、攝護腺癌、乳癌、卵巢癌，18歲以下或正在哺乳的女性不建議使用。

4.男性荷爾蒙對骨質的影響

　　人類造骨細胞中有男性荷爾蒙的接受器，某些骨細胞可將一些前趨物質代謝轉換成睪固酮或DHT，這些男性荷爾蒙可抑制骨質被吸收。目前有臨床研究發現，將2.5mg的甲基化男性荷爾蒙合併雌激素使用，可有效提升骨密度。

●女性接受男性荷爾蒙補充治療的方法

　　可分為肌肉注射、口服或皮膚外用凝膠等，其中以肌肉注射的劑型效果最好，一般一個月注射一次，但要注意，長期或過量使用有類固醇囤積的危險性。

▲DHEA

　　口服用藥有DHEA及ANDRIOL膠囊。

　　外用塗抹在皮膚表面的凝膠用藥有Androgel。

　　其中以肌肉注射及外用塗抹的效果較佳，且長期使用相較於口服途徑較不會增加肝臟的負擔。

▲ANDRIOL膠囊

　　口服型外源性男性荷爾蒙對於心臟血管有某些不同程度的負面影響，例如它會使高密度脂蛋白（HDL）、低密度脂蛋白（LDL）及三酸肝油脂降低，降幅約在15%～20%，長期使用口服雄性激素治療者，建議每半年要做一次血液測試肝功能檢查。（參見《長庚婦產通訊》第32期陳光昭醫師雄性素補充療法）

▲ Androgel

●體內睪固酮濃度高，性慾也會比較旺盛

睪固酮會使女人活力充沛，並能激發創造力。那些活躍於各領域，全身上下充滿魅力及自信的企業高階主管、藝術家、舞者，經醫學測定，她們體內的睪固酮濃度較一般人高。

睪固酮濃度較高的女性通常領導能力及領導慾望比較高，她們因此能展現超乎常人的毅力及才能，在表演活動中擔任女主角、在職場中擔任高階主管的多是這類型的人，這樣的女性較願意主動擔負起艱難的責任，也願意付出更多的時間和精力，自然能在其專業領域有傑出的表現。

另外，因為體內的睪固酮濃度比較高，這些女性的性慾望也會比較旺盛，且這樣的氣息會不自覺地外溢出來，這就好像非洲草原的雄性動物在10公里外就可以嗅到雌性動物荷爾蒙的味道一樣，所以這樣的女人自然會吸引眾多男人圍繞，對她大獻殷勤！

更年期
也可以很性福

被社會壓抑的
更年期女性性慾

英國更年期協會（BMS）2017年曾公布一項調查，在近700名45歲以上受訪女性當中，高達75%的人表示她們的生活因更年期而改變，其中有超過半數的人表示性生活受到影響，逾四成的人認為絕經後的自己不再性感；澳洲蒙納許大學（Monash University）2017年也曾發表一項針對2000多名40～65歲女性所做的調查，發現逾四成女性有性事困擾。

由於女性體內微量的男性荷爾蒙在更年期後會減少分泌，這些微量荷爾蒙正與性慾有關，因此人類性慾理論確認性慾會隨年齡增加而降低。不過，性慾降低的原因很複雜，熟齡夫妻若相處不再如以往甜蜜，或者夫妻年紀相仿、男性伴侶的勃起能力降低，都會使雙方性趣下降。

人體中，生殖是最晚成熟、同時也是最早衰退的系統，人體的生理功能會遵循自然規律，當身體覺得這種機能已經不需要了，那麼它就會結束這項任務。

人或者動物總是在性慾最旺盛、繁殖力最強的時候能力最強、最有創造力，這是自然賦予生物的一種生存特性，當性功能衰落，人也就跟著衰老，各身體組織功能都會進入衰退期。

女性在節慾幾個月之後，性慾就可能完全消失，要重新喚醒性

慾、恢復性生活，過程會隨著年齡增長逐漸變長，且重新恢復性生活時會因為陰道分泌物減少而出現性交疼痛，同時還可能會引起性高潮障礙等問題，也會因為年齡愈大而更難恢復正常功能。

雖然上述說法解釋了性慾的生理障礙，但從更年期女性生理變化的理論研究來看，更年期女性的性慾不應當是減退，反而應該有所增強。這可以從性原動力學說來做分析，因為不論男女性慾的產生均與雄性激素（睪固酮）有關，更年期女性的雌激素分泌雖然減少了，但雄性激素分泌並沒有減少，反而相對提高了，所以如果有些女性在更年期過後出現性慾減退的現象，常常是心理因素所導致。

要改善更年期女性性功能及性慾，可在性生活前將潤滑劑塗抹在陰道口，可以改善陰道口和陰道的乾澀狀態，男性伴侶的動作也要緩慢、溫柔，並以較多的前戲激起女伴的性興奮；至於有重度性生活困難者，宜在醫師指導下服用雌激素，或在皮膚或陰道塗抹雌激素乳膏，以改變因陰道乾澀導致性慾低落的情形。

更年期是女人一生中重要的轉折點，但停經只意味著生育能力終結，並不意味性生活應該結束，甚至，已屆更年期的熟齡夫妻，由於沒有避孕的困擾，加上子女多已成年，及兩人的生活步調都趨向緩慢等優勢，此時更可以盡情享受兩人世界，重溫性生活的甜蜜。

生活壓力
讓中年男人愈來愈不行！

　　對男人來說，性具有繁衍種族的神聖使命，性能力更是展現男性魅力的重要因素，也是男人的自信來源，許多男性私下誇耀自己的性能力有多好，甚至不諱言自己「40歲仍猶如一尾活龍，70歲還能結婚生子」，都是希望透過表現特異的性能力來增加自信。

　　不過，40歲還能像「一尾活龍」的人畢竟是少數，大多數男人的性能力會隨著年齡增加而慢慢衰退。男性在20歲左右性能力達到巔峰，過了40歲性能力便逐漸下滑，50歲以後大幅衰退，這種過程是在自然而緩慢的情況下進行，讓男人做愛的次數在不知不覺中逐漸減少，衰退的原因毫無疑問與人體生理的老化有關。儘管這是自然現象，但對許多中年男性來說，「不舉」仍是他們心中最深沉而不可告人的痛，「無能」讓他們的彩色人生頓時變為黑白。

　　一般人之所以性慾低下原因多且複雜，但許多是心理因素所造成，包括工作壓力、經濟問題、婚姻不美滿等，少部份是由於生理因素，包括體弱多病、生殖器官病變、荷爾蒙分泌失調、糖尿病、脊椎受傷、藥物濫用、酗酒等。著名醫學期刊《刺胳針》曾發表一篇針對440位陽痿男性所做的研究，結果發現：抽菸、高血壓、糖尿病、高血脂和動脈粥樣硬化等都可能引起男性勃起功能障礙（ED），有些藥物也可能造成陽痿。

　　從生理上來看，人到中年為何性能力會大幅衰退？那是因為男性從青春期開始睪丸逐漸發育成熟，並能製造睪固酮等雄性激素，睪固酮使男人表現出男性性徵、增加性慾和增強性能力，同時還能使骨骼堅硬、肌肉結實，更富有男子氣概。

　　睪固酮是一種由睪丸所產生的男性激素，研究顯示睪固酮可延遲老化，增強性慾和性能力，還可刺激蛋白質合成，使肌肉發達、使骨骼生長快速及質量進化，也主導著性成熟和生育的功能，其他如血液的生成、鈣的平衡、脂肪代謝、糖代謝、前列腺增長等，也都與睪固酮分泌有關。

　　睪固酮是男性性生活的啟動劑和興奮劑，如果不能維持在一定的水準，就會出現一系列的性功能減退，例如性慾減低、勃起功能障礙、性活動減少、性高潮品質下降、射精無力和精液量減少等，還會造成情緒的改變，如憂鬱、易怒、體毛減少、體力衰退、皮膚變薄、骨質疏鬆、腹部型肥胖等。

　　男性在青春期時睪固酮濃度升高到400ng/dL，代表男性的性功能已經成熟，具備產生精子和性行為的能力。在20～30歲時，睪固酮水準可高達600ng/dL，一直到50歲以前，睪固酮濃度都還能維持這樣的水準，到50歲以後，睪丸分泌睪固酮的功能就會逐漸下降，平均每年減少1%左右，這使得男性性能力在不知不覺中逐年減弱。加上現代人由於生活緊張、工作壓力大，亦是導致睪固酮分泌減少的重要原因。

　　睪固酮分泌減少會讓人變得有氣無力，心情低落而性趣缺缺，對性慾的需求也會逐漸降低。睪固酮濃度降低是性慾減退的最主要原因，但這是老化不可避免的自然現象，**女人如果發現男人勃起衰退，應該鼓起勇氣建議男人服用男性荷爾蒙**；如果是器質性的勃起困難，可服用威爾鋼、犀利士等，這些藥物可使陰莖平滑肌鬆弛，使陰莖動脈擴張、血流量增加，而恢復陰莖勃起功能。

　　還必須要提醒的是，性愛能力也符合「用進廢退」的生物進化原理，當你愈常使用一項技能，技巧便會愈熟練，即使因年齡增長而面臨生物性功能衰退，你的退化速度仍會比總是荒廢技能的人慢得多，所以，做愛這件事真的是「愈做愈愛、愈不做愈不愛」。

　　如果你人到中年，不想與女伴只能「望床興嘆」，甚至被踢下床，就要勤練技能，免得有一天成為被老婆嫌棄的「下流老人」，且男人勤於做愛不只能保障家庭地位，還能有益身體健康，醫學研究證實，男性20～30歲之間每週有五次以上射精比較不易得攝護腺癌，但醫師也提醒，中年男人最好還是量力而為，每 周做1～2次的基本功課應該還是可以的。

● 運動是最好的天然壯陽劑

　　研究發現，缺乏運動的男性睪固酮分泌比常運動的男性約減少10%～15%，可見缺乏運動亦是造成男性性能力衰退的重要因素。

　　運動可增加血中睪固酮濃度也已獲得證實，美國性醫學專家經過多年的追蹤調查發現，適度運動不僅可減少發生陽痿，且可使性慾明顯增強，大大改善性生活的品質和增加性愛樂趣。

　　為何運動可以使男性性能力得到改善？原因在於運動能促進睪固酮分泌，減少體內脂肪囤積，提高骨髓造血功能，加速體內血液循環，使陰莖的海綿體恢復供血能力，幫助陰莖快速勃起，且勃起後能較持久；研究還發現，適量運動之所以給人們帶來性愛歡愉，

主要是因為它可調節人體的神經機能，改善內分泌系統，促使腦下垂體分泌激素，使體內的雄性激素含量增多，幫助紓解壓力，使人心情愉快，這些都是運動能增強性慾及改善性能力的原因。

● 提升性能力的運動方法

　　運動可以鍛練強健的體魄，增強心肺功能，增加身體的涵氧能力及提升睪固酮分泌，是增強男性性能力的良方，更好的是它幾乎沒有任何副作用，可說是最好的天然壯陽劑。

　　研究發現，增強性能力的運動並沒有種類的限定，不管是有氧運動或無氧運動，只要運動都能有好效果。運動的模式是每週至少3次，每次至少持續30分鐘，且運動時的心跳速率要達到每分鐘100～120次之間。更年期過後適合的運動項目如快走、慢跑、打球、爬山、游泳、有氧舞蹈、重量訓練、伏地挺身、仰臥起坐等，運動後所帶來的全身舒暢和精神放鬆，是提升中年男性性生活滿意度的最佳幫手。

　　但要注意，太過激烈或過度運動會降低睪固酮濃度，過激/過度是指經常做耐力訓練，例如腳踏車競逐與鐵人三項的運動員，經檢測，他們的血中睪固酮濃度確實較常人低；但如果只是進行一般運動或稍為激烈的運動，就不會有這方面的顧慮，可放心運動。

睪固酮是男女兩性點燃性衝動的火種

高齡社會來臨，要如何養生？你不能不知道，性愛就是最天然的養生法。「性不是像藥一樣，它就是藥！（Sex is not like medicine, it is medicine.）」《About SEX》作者大衛・魯賓（David Reuben）醫師在談到熟齡性愛時這麼說。

美國心理學家喬伊・大衛森（Joy Davidson）的研究也指出，性行為所分泌的催產素可增加腦內啡，而腦內啡可減緩頭痛、關節痛等疼痛問題，對女性來說，良好的性刺激也會強化女性的骨盆腔肌肉，減少漏尿、尿失禁等困擾。

泌尿科的研究也發現，男性射精次數每月達21次以上，可減少罹患攝護腺癌的風險，即使無法達到這個次數，定期射精仍有益健康，因為性行為即是一種輕度運動，能讓人保持活力。

●只要一點點睪固酮就可以引燃女性強烈的性慾

對人類來說，睪固酮是點燃性慾的火種，這與其他動物有所不同。大多數雌性動物的性衝動是由女性荷爾蒙掌控，且雌性動物只有在排卵前後數天或數週內才會對雄性動物產生興趣；而人類無論男性女性，性慾都是由單一荷爾蒙所驅使，那就是睪固酮，哺乳類動物中只有人類時時可以產生性衝動，天天可以性交。

　　雖然兩性體內都有荷爾蒙存在，且男性的睪固酮含量較女性高出10倍之多，但從對睪固酮的敏感度來說，女性卻較男性強得多，只要一點點睪固酮，就可以引燃女性強烈的性慾。

　　女性體內的睪固酮絕大多數都是由腎上腺所合成，腎上腺是一對位於左右腎臟頂端的花生狀腺體，只有一小部分的睪固酮是由卵巢製造。這就是為什麼在女性停經之後，即使卵巢逐漸失去功能，性慾卻不會完全消退的緣故。當然也有一些停經後的女性抱怨性慾下降，這時只要使用一點點睪固酮製劑，就能讓她們的性慾再次被點燃。

　　如今，更年期女性在接受以荷爾蒙製劑治療性慾減退時，醫師不再只是單純地給予睪固酮，而是採取動情激素與睪固酮合併治療的方式，約有半數接受此療法的女性能有效提升其性慾和性活動的表現。補充雄性激素對接受子宮及雙側卵巢切除的女性在增加性慾方面有超乎想像的效果。

性愛讓人更年輕

　　性愛對人體的好處從裡到外，事實上，做愛是用最少經濟成本就可獲致最高效益的事，且性愛的樂趣唾手可得，或是單憑一己之力，或是雙人、多P，都可有無窮的變化，為參與者創造源源不絕的快樂！

　　性愛不僅是男女雙方情感的表達、情趣的表現，它對健康的好處更是說不完！

　　1.幫助睡眠：大腦中有一種緩解壓力的化學物質催產素（Oxy-tocin），它會在做愛過程中釋放，而催產素能幫助入睡，且是深度睡眠。

　　2.燃燒卡路里，幫助瘦身：做愛能同時鍛鍊大腿、小腿、手臂、肩部、下腹部的肌肉，相當於全身運動。平均來說，做愛一次約可燃燒150大卡熱量，當然，不同的體位變化，消耗的卡路里數有所不同。

　　英國曾有個電視節目為了要證明這一點而做了個實驗，節目邀請了兩對情侶，分別先到健身房做45分鐘的暖身運動，再到飯店做愛45分鐘。經由儀器記錄的結果發現，男人在健身房內消耗的熱量為323大卡，做愛時卻消耗了369大卡，證明床上運動的確比上健身房更容易燃燒脂肪。

3.增強免疫能力：一週做愛1～2次，有助提升人體中免疫球蛋白A的數量，從而增強人體對疾病的抵抗力。有研究表示，每週做愛兩次或兩次以上的人，比那些不做愛的人還要有抵抗力，所以比較不會生病。這是因為性愛可以使腎上腺素均衡分泌，肌肉先收縮、再放鬆，從而形成良性循環，使免疫系統能保持在較好的狀態。

4.更顯年輕：這和人們在做愛時所產生的脫氫表雄酮（DHEA）有關，DHEA是一種由腎上腺素所分泌出來的荷爾蒙，對於性能力的恢復、記憶力的改善、血膽固醇的降低，都很有幫助，還能使身體充滿活力，維持年輕的樣態。

5.幫助釋放壓力：研究發現，每周做愛1次有助於釋放足量的催產素，即俗稱的「愛的荷爾蒙」，催產素有助降低血壓、緩解壓力和緊張情緒，且做愛時腦內會釋放大量多巴胺，多巴胺是一種傳遞快樂、興奮的神經傳導物質，蘇格蘭的一項實驗也證實，「做愛的確有助於將人從壓力中解救出來。」

6.有助提高生育能力：精子的品質高低和女性是否能成功受孕有著密切關連，有研究表示，做愛頻率高的男性，精子品質明顯優於不常做愛的男性；澳洲亦有科學家進行了相關研究，顯示精子有缺陷的男性可以透過增加性生活的頻率，進而使精子的品質獲得改善。

7.有助減輕疼痛：做愛能有效減輕身體疼痛，尤其是在高潮的時候。荷爾蒙催產素的激增及腦內啡（endorphin，又稱安多芬，類似於嗎啡特性的腦部自然化學物質，擁有可控制情緒、心情、機動性、受痛感等作用）的增加，有助減緩身體的疼痛感，尤其是偏頭痛、頭痛、關節痛等慢性疼痛。

8.使經期更平順、規律：若在月經來潮前5～7天做愛，那麼女

性在做愛時的肌肉收縮運動，能促使血液加速流出骨盆區，進而使血液循環變好，減輕骨盆的壓力，從而減輕經痛的不適。美國哥倫比亞大學和史丹佛大學的科學家研究發現：「女性如果一週至少做愛一次，月經週期會更加規律。」

9.讓女人更美麗：在做愛的過程中，女人的雌性激素分泌會顯著增加，而雌性激素能幫助女性的皮膚變得更光滑、頭髮變得更有光澤，所以說做愛能讓女人看起來更加美麗、更有吸引力，是有科學根據的。

10.保護心臟：一項研究顯示，男性每週有3次性生活，可以將心臟病的發病風險降低一半，有規律的性生活則能減少一半的中風機率。

11.預防漏尿：性愛能增強骨盆肌肉的強度，使身體能更好地控制排尿，還能有效預防尿失禁。

12.保護生殖系統：雌激素能使女性的血液循環系統保持良好運作，有規律性生活的女性，體內雌激素濃度比偶爾做愛的女性要高得多，且精液有助殺滅葡萄球菌、鏈球菌、肺炎球菌等致病菌，幫助女性生殖道免遭微生物的侵襲；而男性射精越多，罹患攝護腺癌的機率就越小。

13.和伴侶的關係更親密：做愛會讓人產生被愛的感覺，這種感

覺能提振情緒、減緩憂慮，所以性生活美滿的夫妻，很少會出現暴力情緒，關係當然更親密。

14.增強信心： 良好的性能力不僅可讓伴侶快樂，自己也會感覺充滿信心，而自信不只是在性交時體現，也能在工作或人際關係上充分展現。

缺乏性生活
將導致婚姻危機

根據一份2017年所做的婚姻調查報告指出，影響夫妻關係的主要因素包括：冷暴力（56.4%）、缺乏信任（53.9%）、出軌（52.4%）、性生活不和諧（65.3%）、家庭暴力（43.1%），顯示性生活不和諧對夫妻關係影響甚深，甚至已成為中年離婚的重要原因。性愛可說是夫妻關係的潤滑劑，沒有性生活的婚姻將岌岌可危。

此外，無性婚姻對夫妻關係也有致命性的傷害，若非雙方都對情慾無意，就可能使仍有情慾的一方出現婚外情，而導致婚姻關係出現危機，歌后蔡琴即經歷了十年的無性婚姻，最終走向離異。

她與大導演楊德昌結婚時，他希望兩人維持柏拉圖式的愛情，並希望以無性方式維繫婚姻，蔡琴同意，結婚後她全心全意支持他在電影界的發展，十年後，在蔡琴的懷疑下，楊德昌承認出軌，並選擇與外遇女子走入婚姻，但再婚後他們過的日子卻不是柏拉圖式的。

可見，婚姻關係長時間沒有性生活將大幅降低婚姻品質，「無性」可能只是一方逃避的藉口，當出現這種情形，若不是兩人對婚姻都已無意，可嘗試從床上重拾雙方的親密，再試著解決婚姻的問題，婚姻關係才有可能再延續。

●老套的性愛招數讓人對做愛失去興趣

為什麼老了不做愛？與其說是年齡的緣故，不如說是老套的性愛招數讓人對做愛失去興趣，其實，不同的刺激就可帶來截然不同的性愛感受。

想要提升性愛情趣，可嘗試不同的性交方式、換一換不同的做愛場景，顛覆以往的思維，也可以讓以往是被動的女性改為主動出擊，讓男人感受一下被征服的感覺，或是與伴侶一起看A片、限制級圖書，都能激發出更多性愛的玩法及樂趣，也就不會再對性愛感到疲乏了。

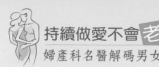

●陰道緊實雷射可搶救崩壞的做愛樂趣

　　女性如果因生理功能衰退而不做愛，想改善陰道乾澀的狀況，最簡單的方式是補充口服荷爾蒙，但若是停經超過10年、60歲以上的女性，或是乳癌患者則不建議服用。另一種簡便的方法是使用局部荷爾蒙凝膠，直接推入陰道，可增加潤滑、減輕做愛時的疼痛感。

　　如果覺得這些方法都很麻煩，還可嘗試蒙娜麗莎之吻陰道緊實雷射，它的概念類似一般醫美經陰道的皮膚雷射，刺激陰道黏膜的膠原蛋白生長，使陰道黏膜更加緊實、恢復彈性，並增加分泌。雷射也可針對陰道、膀胱黏膜的

蒙娜麗莎之吻
雷射儀器

局部區域加強，可兼具改善漏尿問題；或是「縫三環手術」，將總長8～10公分的陰道洞口、中段和上段分段縫緊，以增進性行為時的緊實效果。

●沒有愛，全球湧現50歲離婚潮！

　　根據統計，2007年時台灣50歲以上的離婚人口男女比例分別是9%和18%，到了2019年，比例分別提升到15%和26%；美國50歲以上人口的離婚率是20年前的兩倍，這數據也反應熟齡離婚日益普及；日本的情況也不惶多讓，據日本厚生勞動省統計，自1980年至今，日本社會「熟年離婚」的數量翻了近兩倍，且絕大多數的離婚訴訟是妻子在丈夫臨近退休時提出的。

為什麼這麼多人選擇在50歲時離婚？「現代人的壽命比過去多幾十年，到了中年發現自己可能還要再活30年，他們不想把這些歲月花在沒有愛情的婚姻上。」作家暨研究嬰兒潮世代與高齡化的專家亞伯拉罕（Sally Abrahms）這麼說。

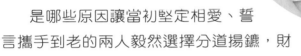

是哪些原因讓當初堅定相愛、誓言攜手到老的兩人毅然選擇分道揚鑣，財務、人際關係、子女教養、三觀歷經歲月的摧折導致出現歧異等，都讓兩人不願再忍受對方，猶漫長的餘生，寧願自己過！而在這些因素之外，常被忽視，但可說是使愛情死亡最關鍵的因素是夫妻沒有滿意的性生活。

外遇是導致離婚的首要因素，而夫妻性生活不和諧又是外遇的重要肇因，殊不知，和諧融洽的性生活可以滿足夫妻雙方的生理需求，促進心情愉悅，夫妻感情好，婚姻的保鮮期就能延長。如果夫妻在情感上彼此滿足，生理上彼此契合，出軌的機率自然會大大降低。

屆臨50，女人如果不想保留如雞肋的婚姻，如果想要將掌握婚姻幸福的鑰匙握在自己手裡，最簡單的方式不是「掌握男人的胃」，而是「掌握他的情慾」，隨時讓自己保持在最佳狀態，讓男人的目光離不開妳，讓他沒有多餘的精力消耗在其他女人身上，他怎麼會有外遇的心思。

別再說「都50歲了，怎麼跟年輕女孩比？」，妳沒看見現在滿

街辣裝出擊、夜店熱舞、體態婀娜、風姿萬千的都是40、50歲的「姊」，相差10幾、20歲的姊弟戀更比比皆是，甚至蔚為風潮。

不要再抱怨老公對妳沒「性趣」，妳比那些年輕女孩更有優勢的不就是這麼多年在床上積累的性愛經驗，但人到中年，不得不提醒妳，如果太放縱自己不修邊幅，確實會讓枕邊人對妳失去興趣。妳自己想想，如果從側面看小腹凸出、從後面看虎背熊腰，男人會對妳有興趣嗎？所以，一句老生常談，「沒有醜女人，只有懶女人」，「女為悅己者容」舊解是女人為心儀的人整理容貌，21世紀的新解則是女人為想討好自己的男人打扮。其實，打扮好看了，自己心情也愉悅，不是嗎？順便再告訴妳，其實性愛就是夫妻兩人在家時最好的運動，它不只能維繫情感，還能保持身材，可不是一舉兩得！

更年期不煩惱小百科

50歲以後的女人千萬不要忽略丈夫的性需求！

男人不管年紀多大都要有規律的性生活，不然攝護腺會出問題。

男性會射精是因為有攝護腺，年紀大的人如果攝護腺還在，卻因為性生活減少，製造出來的精液沒有排泄掉，日積月累，精液中的礦物質會累積沉澱變成結石，結石會導致發炎，長期發炎就可能出現癌變，根據衛福

●為何性產業大國（日本）的人民愈來愈無慾？

一項調查結果顯示，愈來愈多日本夫妻不再有性生活，日本進入低慾望社會的氛圍讓人們變得無慾無求。

根據日本家族計劃協會最新的調查結果顯示，過去一個月中沒有性生活（包括婚姻內和婚姻外）的已婚者

比例都創歷史新高，達到48%，比2014年增加了2.6%，與開始這項調查的2004年相比增加了15.3%。

部公布的資料顯示，攝護腺癌現在高居國人癌症發生的第5位，僅次於大腸癌、肝癌、肺癌及口腔癌。

中老年人有適度的性生活對保養攝護腺有相當大的好處，很多老夫老妻認為老了還談性愛是老不修，這個觀念需要徹底改變，而且要身體力行去做，假如患者的另一半無法配合行房，那鼓勵他自慰、口交、借助性愛玩具解決性慾，也是可行的替代方法。

現下，熟齡者除了防範新冠肺炎疫情，還要特別注意精液中的礦物質會累積沉澱變成結石，這對生命會造成危害。切記，為了健康，要定期行房，且一週至少要看A片一次，最好夫妻一起看，有助培養情趣。

　　根據調查結果，在1025個有性經歷的受訪者中，過去一個月內的性生活次數比例分別為1次（17.1%）、2次（9.0%）、3次（5.9%）、4次（5.6%）、5次以上者（6.1%），而有53.4%的男性和48.8%的女性回答「沒有性生活」；相比2014年，沒有性生活的男性增加5.1%，女性減少1.3%，男性「無性」化的比例顯然高於女性。而僅從已婚者（655人）的回答來看，有47.2%（男性47.3%、女性47.1%）的人回答「最近一個月中沒有性生活」，也就是有一半人口幾乎處於「無性婚姻」的狀態。

　　在問到已婚者為何對性生活冷淡時，男性回答最多的三大理由是「工作太累」（35.2%）、「覺得妻子就是家人（引不起性慾）」（12.8%）、「孩子出生後夫妻關係不知不覺就淡了」（12%）；女性列舉的三大理由則是「覺得麻煩」（22.3%）、「孩子出生後夫妻關係不知不覺就淡了」（20.1%）、「工作太累」（17.4%）。與2010年後的四次調查結果相比，男性因「工作太累」而無性生活的比例呈現急劇增加。

●日本男性把妻子當親人，認同婚外「性」

　　推究比「工作太累」更深層的原因，則是男人將妻子視為家庭成員而非性伴侶的比例也在逐漸增加，有些日本男人認為不應該把工作和性帶回家，日本女人也不願就此獨守空閨，所以導致了部分日本家庭有婚後「各玩各的」的現象，有點類似「開放式婚姻」。

　　在調查男性1週平均工作時間與無性生活的關係時，結果發現並不是工作時間愈長、無性生活的比例就愈高，可見，不管男女，「工作太累」顯然只是不想與配偶做愛的藉口。另外，家庭年收入

超過1000萬日圓的中高收入男性，無性生活的比例也比較高。

作為性愛產業大國的日本，為了解市場需求，每5年就會做一次有關成年人私生活的調查，在2016年的調查中共詢問了5300名年齡在18～34歲的日本單身男女。調查結果顯示，愈來愈多的日本成年人過著一種無愛、無性的生活，其中，44%年齡在18～34歲的女性透露自己仍是處女，這在同年齡段的男性比例為42%。雖然八成以上的受訪者表示願意且希望能夠走入婚姻，但許多人都處於單身狀態，且沒有性經驗，有些人則稱自己從來沒見過全裸的異性。

由這項調查可見日本年輕人「草食化」的問題愈來愈嚴重，日**本相關研究人員說，似乎一整代的日本人已經失去了與人親密的能力，且這個問題將造成日本社會少子化、高齡化現象日益嚴重，透**過這項觀察，為政者不得不好好思考，是什麼樣的社會氛圍，讓現代人失去了「色」的本性。

據統計，2017年時日本死亡人數為130萬，而出生人數只有100萬，日本女性的生育率（1.43）也非常低，也就是說每名女性平均生育不到兩個孩子。導致日本出現這個社會現象的原因有很多種，日本對職業女性和家庭主婦缺乏支持，使得女性不得不在事業和家庭之間做選擇；其次，日本的性教育也過分強調「性」的負面影響，例如未婚懷孕和性病等，使人對正常性愛產生抗拒；再一個原因是網路色情的興起，許多年輕人寧願在網上尋求慰藉，而不願也不會在實際生活中與真人交往。所以，即便日本色情行業蓬勃發展，每年能帶來約700億美元的產值，其產業發展態勢卻與正在面臨的社會問題背道而馳。

● 低慾望卻愛出軌

2018年11月，日本一家大型避孕用品生產商，對29315個年齡在20～60歲的男性和女性進行了一次網路調查，其中14100人有過性經驗，占調查人數的48%，令人驚訝的是日本成年人中竟有超過半數沒有性經驗，儘管這個數據有可能失真，但應該反映了部分的社會真實，顯見日本的無性社會正在無聲蔓延。

這項研究同時也對婚外情做了調查，結果顯示，日本社會每三個人就有一個出軌，男、女性的比例都很高，且女性出軌的比例還

在逐年上升中。

　　崇尚禮教民風保守的日本原是一個低離婚率的國家,而現在離婚率的世界排名也到了第7位。近幾十年經濟泡沫化曾給日本社會帶來低慾望的氛圍,而後在婚姻中的「無性」狀態、年輕人「草食化」(不想交女友、不想結婚),成了日本現今少子化的肇因,少子化再連結高齡化,環環相扣,讓國力不斷弱化,顯見,「性」真的不只是兩人私密的事,該是社會議題,國政大事。會不會有一天,必須由政府出面,鼓勵大家做愛!

開放式婚姻

　　在現行政府體制中,多數國家都實行一夫一妻制,對多數家庭來說,這是合乎常理的事,但日本有些家庭卻反其道而行,興起了一股「開放式婚姻」風潮,伴侶之間可以接受對方互戴綠帽子。

　　這些有意走向「開放式婚姻」的女性中,多數人當初都是因為擔心自己隨著年齡增長而失去「賞味期限」,結婚後才後悔步入婚姻,因此婚後還想繼續保有談戀愛的感覺,所以出軌,而這些女性擁有的共通點是:高薪、外型好、心態健全、育有兒女,正因為擁有這些良好條件,就算離婚也不擔心生活沒著落。

　　男方得知妻子外遇後,不怒,也不吃醋,而是開始發展自己的婚外情。雖然每個家庭都各自擁有「開放婚姻」的規

則，但他們都不會將婚外情的情感帶回家中，回家後仍能有默契地維持既有的婚姻關係，儘管平淡無味。

而不只日本，其實風氣更為開放的歐美社會也愈來愈多人崇尚這種婚姻模式，曾因電影〈珍愛人生〉獲得奧斯卡最佳女配角的黑人女星莫妮克，大方坦承她與演員兼製作人老公席得尼，結婚11年來一直維持「開放式婚姻」，而最近曝光的好萊塢男神布萊德彼特新歡、年僅27歲的德國女模妮可波塔拉爾斯基，被爆其實已婚，看似女模的老公綠雲罩頂，但她其實就是「開放式婚姻」的實踐者。

專門研究兩性關係演進的心理學家拉比爾（Douglas LaBier）指出，從心理學觀點來看，大家不應該武斷地認定開放式性關係就一定不好，關鍵在於實行者的出發點是否是為了保持健康的親密關係。

拉比爾解釋，夫妻總希望從婚姻裡得到情感的滿足及慰藉，但對某些夫妻而言，連外遇對象也能開誠布公，他們認為，與其埋怨不和諧的婚姻關係，不如「給自己機會，也給對方生機。」拉比爾的研究顯示，擁有多重伴侶的人更有活力，調查也指出，40%的男性與25%的女性表示，如果能選擇，他們願意嘗試開放式關係。

50歲以後的性愛技巧

英國倫敦大學研究發現，女性每週有固定的性生活，可比每月少於1次性生活的人延緩進入更年期的機會。該研究針對2936名女性進行為期10年的追蹤調查，結果發現，每週至少有1次性行為（包括性交、口交、自慰和愛撫），與同齡每月做愛不到1次的女性相較，進入更年期的比例足足少了28%。

研究人員表示，性行為能激發女性排卵活躍，有助生育；對照無性生活的女性，會讓身體認為已無生育的可能，並停止身體對於激活排卵的生育機能，因此更早進入更年期。

要讓性愛不息，人到中年，必須調整更適合這個年齡段的性愛模式，以下這些技巧可以幫助中年性愛更合拍。

1.調整性愛速度：美國史丹福大學人類生物學教授說，男人20多歲時可以在性交開始後的2～5分鐘達到高潮，而妻子此時可能還在熱身，但男人50歲以後需要用更長的時間來達到高潮，他會對緩慢的、感性的誘惑更有興趣，也更能與性伴侶同步達到高潮。因此，50歲以

後的性愛，男性要放慢速度，這能幫助雙方同步達到高潮。

2.女性對性事採取主動： 性愛對年輕男性的誘惑如洪水決堤，止都止不住，年輕女性則較多處於被動地位；經過多年的歲月洗禮，女性在性事上可能變得較為積極主動，也就是俗話說的「30如狼，40如虎」，其原因正是由於女性體內激素分泌的變化所致。

男性和女性體內都會分泌雄性激素和雌性激素，但在不同年齡階段，它們的分泌量比例不同。男性的這兩種激素分泌比例改變後，他可能更願意處在被動的位置，而女性體內的雌性激素分泌減少後，雄性激素分泌相應增加，就有可能變得對性愛更加主動。

3.創新性愛： 夫妻經歷幾十年的相處，如果沒有走到離婚或形同陌路，通常情況下互相了解會增多，因著彼此的熟悉和信賴，應該更願意討論如何能讓雙方獲得更滿意的性生活，更樂於接受新鮮

事物，也就更能體會激情的性愛。

4.共同高潮：調查表明，20
幾歲的新婚女性在所有年齡段
中是最難達到性高潮的群體，
而隨著年齡增長，男性興奮
的節奏開始緩慢，血流速度
和肌肉收縮的速度也在減慢，
中年男性達到高潮需要更長的
時間。人到中年，隨著兩性「性
奮」的節奏同步化，女性在性愛時自然
會獲得較高的滿意度。

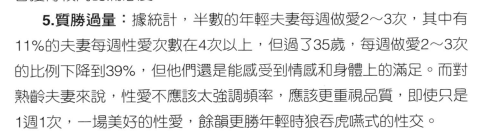

5.質勝過量：據統計，半數的年輕夫妻每週做愛2～3次，其中有
11%的夫妻每週性愛次數在4次以上，但過了35歲，每週做愛2～3次
的比例下降到39%，但他們還是能感受到情感和身體上的滿足。而對
熟齡夫妻來說，性愛不應該太強調頻率，應該更重視品質，即使只是
1週1次，一場美好的性愛，餘韻更勝年輕時狼吞虎嚥式的性交。

6.性幻想：人類基於一夫一妻制的道德約束，男性體內的強大
性驅力只能在相對固定的性伴侶中實現，為了讓性愛不會變得無
聊、制式，性幻想便成為一種重要的性刺激，宛如性愛的催化劑。
性幻想的優勢在於可不受時間、空間限制，它能增加性興奮感，幫
助培養性生活的情趣，增進高潮到來。對熟齡男女來說，性幻想更
是一種重要的性刺激，多些性幻想既可以給性行為帶來新鮮感，又
不會背離夫妻間互相忠誠的承諾。要啟發豐富的性幻想，五花八門
的A片就是很好的來源。

女性應該活到老做愛到老

義大利漁村阿恰羅利（Acciaroli）堪稱是「長壽村」，全村700人有81名百歲人瑞，羅馬大學和美國加州大學聖地牙哥分校醫學院對這個鄉村都進行過研究，發現他們能活得長壽的重要因素之一就是做愛。

● 性生活能調節內分泌

從生理角度而言，和諧的性生活可以讓我們的體內分泌出一種叫多肽的化合物，當夫妻雙方全身心地投入到性愛中，體內就會增加糖皮質激素的分泌數量，從而刺激人體分泌更多的多肽。多肽除了能達到蛋白質對人體所具有的營養作用外，還有很好的身體調節作用，這種作用幾乎涉及人體的所有生理活動，如內分泌、神經以及生長、生殖等方面，它像是一個人體內分泌的協調員，可以讓內分泌達到最佳狀態，且人體內多肽增加，還可大大提高免疫力。

性愛還有利減重。一個熱吻可燃燒12大卡熱量，10分鐘的愛撫就可燃燒50大卡，一場熱烈又興奮的性愛之旅堪比一場瘦身之旅。

但老年人可以有性生活嗎？提出這個問題大部分人都會覺得詫異，其實，在國外60～70歲的老年人中有近70%的人還能過正常的性生活，包括接吻、擁抱、愛撫等，這些都是廣義的性生活。

上了年紀，性機能隨之下降或喪失，但性功能依然是存在的。對老年人而言，體內的性激素肯定會越來越低，如果很早就沒有了

性生活，只會加速性器官萎縮，內分泌失調，要知道，體內各項機能是相互影響、相互制約的，停止性生活，你的身體健康只會每況愈下。從醫生的角度建議，60歲以上的夫妻最好每個月可以確保1～2次性生活。可根據自己的實際情況逐漸減少性愛次數，但千萬不可早早結束自己的性生活。

●多做愛能讓身體產生快樂的荷爾蒙

擁有健康和諧的性生活，事實上對人們的身心大有好處，尤其是女性。做愛能促進包括多巴胺、血清素、催產素和腦內啡等「快樂荷爾蒙」分泌，讓人產生紓壓、療癒的效果。

根據英國佩斯利大學研究發現，每週做愛1次，有助釋放足量的催產素，它有助降低血壓、緩解壓力和緊張情緒；此外，做愛時腦內會釋放大量的多巴胺及血清素，多巴胺是一種傳遞快樂、興奮的神經傳導物質，血清素則會讓人心情開朗、撫平不安情緒；另外，根據《性醫學期刊》（Journal of Sexual Medicine）的資料顯示，性愛高潮會觸發腦內啡的分泌，這類化學物質有助緩解疼痛，它的鎮痛效果甚至比嗎啡強上好幾倍，有「腦內春藥」之稱。

●少了性愛，愛情就會死亡

一份由英國國家統計部公布的資料顯示，失敗的婚姻平均為期11.3年，且平均每兩對夫妻就有一對走向離異，分手的理由不見得是誰犯了不可原諒的錯誤，而是彼此的新鮮感沒了，不想這樣終此一生。

愛情無法持久，婚姻逐漸露出疲態，的確是大多數婚姻的寫照。英國婚姻諮商專家馬修（Andrew G. Marshall）診斷過無數「生病」的婚姻，發現很多夫妻關係最後沒了愛情，只剩下陪伴，但陪伴並不足以支撐婚姻。馬修根據臨床治療經驗提醒人們：伴侶忽略身體的接觸，尤其是性愛，愛情就會死亡。

「性」趣的確會因為新鮮感而提升，就動物本能而言，不斷更換交配對象，一點都不稀奇，但婚姻關係重視承諾與忠誠。事實上，聖地牙哥醫學中心精神醫學專家布朗（Stuart Brown）表示，人類並不需要一直更換伴侶來維持「性」致，或者保持新鮮感，「夫妻共同從事新奇的活動，得到較高的心理滿足，照樣可以為浪漫加分。」他觀察那些經常一起從事活動的伴侶關係較為親密。

一項研究指出，婚姻幸福的夫妻大腦中的催產素含量較高，它可抑制腦部「防衛牆」杏仁核的機制，緩解緊張情緒，降低防衛心態與恐懼，促進社交關係。夫妻間如果經常擁抱、牽手、親吻，多增加表達關愛的互動，體內的催產素濃度便會升高；反之，如果總是相敬如「冰」，或者言辭間經常針鋒相對，對健康及婚姻都會造成危害。

更年期性愛
Q&A

Q 如何增強女人的性慾望？

A 關鍵在於提升女性性慾不可或缺的男性荷爾蒙！

更年期女性通常只補充雌激素和黃體激素，這是不夠的，正確的治療方式應該再加上適量的雄性激素來維持女人的性慾，千萬不能把女性性慾衰退棄之不顧！

女性在更年期之後，體內的女性荷爾蒙和主掌性慾的男性荷爾蒙都會下降，因此有不少女性會產生「性慾低下症候群」（Hypoactive sexual desire disorder，HSDD）。有位50歲的女性因為最近常出現燥熱、夜間盜汗、心悸、失眠、月經不規則而來求診，並且接受荷爾蒙補充治療，使用3個月後，她欣喜的表示不舒服的症狀已經消失，但是卻抱怨自己變得毫無性慾，常常半夜把靠過身子來的丈夫推開，丈夫對此感到非常不滿，她自己也很困惑。於是我再加微量的男性荷爾蒙讓她一起服用，1個月後回診時她眉開眼笑，狀甚愉悅。她說，服用了男性荷爾蒙後明顯感覺自己變年輕、有活力，重拾

做愛的愉悅了！

　　傳統的更年期症狀治療，一向忽略了女性的性慾減退，其實性慾的有無對女性的健康很重要，持續保持性生活對更年期以後的女人，不論在心理上、身體上的健康都有益處。

　　但過去由於社會的保守氛圍，都忽略了對女性性慾的重視，女性本身縱然有此自覺也難以啟口，因此缺乏同時使用男性荷爾蒙來提升逐漸減退的性慾的風氣。現如今，女人的壽命已自過去平均65歲提高為85歲，為這多出來的20年的樂活著想，應該開始替女性的性福多一點用心吧！

　　知名作家劉黎兒也在「幸福熟齡」的媒體專欄中一再提醒熟齡女性對性生活應有自覺及更主動，她說，如果「老」公提不起「性」致，「不要讓他覺得他有不做愛不行的義務，而是像兩個人一起玩一種新遊戲，以後也可以進階兩人一起挑A片助興或一起去買情趣玩具。只要妳願意放下無謂的自尊，豁出去跟丈夫耍小無賴，就能逐漸把妳丈夫解放出來，感受到性愛的愉悅，他做愛開心，妳也才能真的紓解性飢渴。」畢竟，「性」福是兩個人的事，女人主動一點又何妨。

Q 女性更年期後性趣缺缺，想拒絕丈夫的求愛又恐傷害夫妻感情，怎麼辦？

A 有位55歲的女性，因為子宮肌瘤切除子宮及卵巢，已經停經兩年，接受婦產科醫師的荷爾蒙治療，更年期不適症狀幾乎完全消失，但她發現這兩年來毫無性慾，先生和她同

齡，仍然性致勃勃，經常服用威而鋼之後就要求做愛，她因為提不起興致常找藉口拒絕，因此惹得先生發怒，她也為此很苦惱，先生的事業成功，正達頂峰，她也擔心老公外遇，不知如何是好？

研究顯示，性交的次數及性慾的高低與血中雄性激素濃度有正相關，對於這個個案，醫師在原來的用藥之外，再加上適量的男性荷爾蒙一併服用，在性慾增強方面有超乎想像的效果。

當女性卵巢分泌荷爾蒙的功能已近完全喪失，或是兩側卵巢已經切除，為了喪失性慾所苦，應該請教醫師，考慮補充適量的男性荷爾蒙，可幫助提升性生活品質。

Q 50歲以後還應該有性生活嗎？

A「中年夫妻百事哀」，性生活尤其不堪，真的一定要這樣嗎？日本在野的立憲民主黨52歲台裔參議員蓮舫，近日向媒體坦承她已經離婚，這消息當然不夠刺激，因為幾年前，他們的夫妻關係顯然已經亮起紅燈，蓮舫向媒體公開她與在早稻田大學兼任講師的夫婿村田信之早已分床睡，他們的女兒被問及老爸在家裡的地位時答道「在寵物之後」，村田更自嘲：「連植物都不如」。可見，中年男人真是不如寵物，不只孤癖、固執、嘮叨，性能力又衰退，對女性而言，其實甚至已經不是東西。

夫妻「分床睡」當然不代表感情一定不好，有些人是因為睡

眠障礙，或是因為工作關係，怕干擾另一伴的睡眠而選擇分床睡，但如果純粹因為感情事件讓夫妻分床睡，那就會是婚姻關係存續的警訊，蓮舫就是一例。

夫妻同床共枕，尤其是人到中年，當然不可能需要日日恩愛，但睡在一張床上比分床睡容易有擁抱、接吻等肌膚之親，這些絲絲點點的事，都是感情累積的基礎，何況，50歲的男女通常對性都還有渴望，如果在肌膚之親以外，偶而還能有幾回實戰，那對於夫妻情感就一定能大大加分。

Q 50歲以後如何重拾性歡愉？

A 20多歲的男性在性交開始後2～5分鐘即能達到性高潮，而同齡的性伴侶可能需要20分鐘以上才能達到高潮；隨著男性進入中年，由於陰莖供血速度減緩和肌肉彈性降低，性節奏由快變慢，中年男性需要更多的時間才能達到性高潮，且強度也不如年輕時，這樣一來，男性與女性的高潮節奏就會比較接近，兩性可同步慢慢品嚐性交帶來的各種快感。

根據國外的一項研究顯示，以女性各年齡段的性愛滿意度相比，20多歲時最難達到高潮，40～44歲時最容易，且比例落差程度很大。可見，中年男性如果更關注妻子的性快樂，也能同時增加自己的性滿意度。性學專家認為，中年男性在做愛時如果把注意力轉移到觸覺刺激，如擁抱、接吻、愛撫、觸摸敏感部位等，以此來取代性高潮，對於性生活的滿意度就能顯著改善。

Q 性生活一定要有性交行為嗎？

A 根據調查，60歲以上男性有性慾者達90.4%，其中54.7%有強烈需求，然而由於體力衰退、伴侶性趣不高等因素而不易達成需求，往往造成生心理的不滿足。研究證明，適當地滿足性慾有利身體健康，除可增強免疫力，還有利於調整內分泌系統的功能。

男性約50歲開始雄性激素明顯降低，會影響到性慾及性功能，女性約在50歲進入更年期後，因卵巢功能逐漸衰退，雌激素分泌減少，容易出現陰道乾澀等情況，而造成消極抵抗性生活的現象。

專家建議，人到中年最好還是維持規律的性生活，不單純是指性交，也包括接吻、擁抱、愛撫等，對年長者來說，他們所需要的性愛不僅是性交過程的歡愉，更重要的是藉此獲得心理上的滿足。

愛撫時可從手臂開始，這裡有許多愉悅神經，每秒移動1～10公分的觸摸效果最佳，這些神經會向大腦發射信號，增強與愛撫者的親密感和互動性；擁抱也可增加女性體內的雄性激素，使陰蒂更敏感，這也是許多人在早上與伴侶擁抱後感覺性致盎然的原因之一。

性生活不一定要有性交行為，與伴侶間親密的肢體、言語，甚至是眼神互動，都能部分滿足中年以後的性慾望，而這些互動都能使雙方感情加溫，更可能成為近一步性交的誘因。

A 性慾低下是指在性刺激下仍沒有進行性交的慾望，或是對性交意念冷淡且陰莖也難以勃起的一種性功能障礙，發生原因和大腦皮層功能紊亂、內分泌系統疾病及藥物使用等有關。

依輕重程度，性慾低下可分為以下四個級別：

一級：性慾較正常情況減退，但可滿足配偶的性要求。

二級：性慾原本正常，但在某一階段或特定環境下才出現減退。

三級：性慾一貫低下，每月性生活不足兩次，或雖然生理功能超過這一標準，卻是在配偶壓力之下被動配合的。

四級：性慾一貫低下，且中斷性活動達6個月之久。

以下這些方法對治療性慾低下有幫助：

1.保持充足的睡眠：研究證實，良好、充分的睡眠是提高性能力的重要方法，睡眠品質好，人體各系統的反應功能也會更加靈敏，當大腦接收到性刺激後就會積極作出反饋。

2.飲食平衡：健康的飲食習慣能改善血流狀況，從而提高向

生殖器官供血的能力；均衡的營養還能降低男性膽固醇水準，減緩動脈硬化，改善性慾低下。

3.堅持運動：良好的身體狀態是性生活的重要基礎，但在選擇運動項目時必須注意，像是長時間騎腳踏車就不推薦。無論男女，長時間騎腳踏車都會嚴重壓迫會陰部，對男性可能誘發勃起功能障礙，對女性可能出現會陰部麻木，對性愛的感受會大幅下降。慢跑、散步就是適合大多數人的運動項目。

4.慎重使用藥物：各種抗憂鬱藥、利尿劑、降膽固醇藥物和消炎藥，都會影響人們的性慾和性表現，患者在使用時應密切注意自己的性生活是否規律、是否令人滿意，如果出現問題，應及時與醫生商量，選擇其他藥物進行治療，以期將藥物對性能力的影響降到最低。

5.控制血壓：男性血壓偏高容易出現高血壓和動脈硬化，對勃起功能和性反應都會有負面影響。

6.戒菸、戒酒：菸、酒都可能麻木大腦中樞神經，對各種外界刺激的反應會明顯減緩。表現在性生活上，就是對性刺激反應遲鈍，或是出現其他性功能障礙，如男性的早洩、女性的性高潮延後等。

夫妻關係不和諧也是造成性慾低下的一大原因，經常缺乏溝通會使彼此從肉體到心靈都變得疏遠，因此，夫妻平時就要好好培養感情，隨時溫習愛情的甜美，感情好才能有助提升性愛滿意度。

Q 我丈夫**60歲**，事業平順，夫妻間感情一直很好，我最近發現他做愛時經常無法勃起，只好草草收場。我雖然溫柔的安慰他，但仍然無法消除他的挫折感，該怎麼辦？

A 碰到這種情形，大多數的女人都會溫柔體貼的安慰男人說沒關係，但她們其實都很難體會男人在這種情況下內心所升起的深切焦慮感！

男人在這方面的自尊心特別強，不喜歡女人碰觸他這一塊，女人如果發現男人勃起能力衰退時，應該鼓起勇氣小心**翼翼**地建議男人服用男性荷爾蒙，或是鼓勵他服用威而鋼或犀利士，當然最好是陪伴他去看泌尿科醫師，由專業的醫師向他說明性功能衰退是每個男人必經的老化過程，且這些問題可以經由藥物治療獲得改善，這樣做可免除他的焦慮感。另外要提醒妳，更年期後的男女性關係應該著重在肌膚接觸，性器交媾則順其自然！

Q 我跟先生都已經**50**多歲，因為有年紀了，性生活對我來說已是可有可無，但先生性慾依然很旺盛，還鼓勵我要多做愛，這樣正常嗎？

A 50歲左右的女性因為面臨更年期，體內雌激素減少，陰道壁變薄、潤滑度不足，做愛時容易有疼痛感，使得對性生活不再那麼熱中，但不可否認，性對婚姻關係的維繫很重要，如果夫妻缺少性愛，關係便容易疏離。

當人到中年，如果一方還想要性生活，而另一方不想，這時就需要協商，因為既然成為夫妻，就要考慮兩個人的需要，雙方在一起有責任也有義務，這是婚姻幸福的真諦。

普遍來說，男性的確比女性更需要性，如果不喜歡陰道性交，建議妳可以幫先生口交，多數男性都喜歡口交；也可嘗試幫先生自慰，這會比他自己來更有樂趣；或是選用各類情趣用品，也能帶來不同的性愛刺激感受。

許多研究都證實，性愛會讓人感到身心愉悅，也會提升免疫力，使皮膚、毛髮更有光澤，骨骼更結實，對健康有說不完的好處。年輕時的性愛熱烈、激情、自然，中年後則可以慢慢去品味性愛的美好，千萬別在步入中年後輕易放棄這項美好，如果妳的身體對性刺激的敏感度降低，不妨試試以下的方法：在手指塗上水性潤滑劑，輕輕地撫摸陰核，也可以把手指伸進陰道按摩，其實陰道像皮膚一樣也需要保養，每天固定按摩，會使陰道壁愈來愈柔軟、愈有彈性，分泌潤滑液的能力也會增加，慢慢就能提升妳對性愛的滿意度。

　　步入中年，當對方還有需求而自己的性慾漸淡漠時，不妨調整自己的身心，重啟對性慾的能力，讓性愛不只是滿足另一半，也是滿足自我。

Q 為什麼更年期後的男人性能力已經大幅衰退，
　　還是會想要和女人做愛？

A 性、權力、財富是男人一生中普遍想要的成就，而最便捷且從年輕時就可以達到目的、滿足成就感的即是在性方面，不必求助他人就可以展現實力。

　　性能力和荷爾蒙的強弱有關，性慾的衝動是出自大腦的刺激，大腦發出衝動的訊息促成性器官充血、勃起，而去尋找做愛的對象。雖然男人年紀大了，大腦仍舊存留過去性活動時產生快感的記憶，儘管體力和性器常常難以跟上，仍時常會想要重覆享受這種歡愉。

Q 為什麼女人可以接受與年輕10歲以上的男人做愛？

A 根據研究，40歲以上女性持續保持做愛習慣會使更年期延後，原因在於維持做愛可以讓荷爾蒙持續分泌不衰退，且常做愛也比較容易達到高潮，這即是人體生理及器官「用進廢退（常使用，功能就不會衰退）」的現象。

　　女皇帝武則天即使到了70歲，仍然「齒髮不衰，豐肌艷態，宛若少女，頤養之餘，慾心轉熾」，這是說高齡的武則大

依然牙口很好、頭髮茂密，肌膚吹彈可破、姿態妖嬈像少女一般，在安養天年之時色慾之心竟益發旺盛。

國際影壇不朽巨星伊麗莎白泰勒一生結過7次婚，她的最後一任丈夫賴瑞（Larry Frotensky）原是一名建築工人，因成為巨星的第7任丈夫而聞名，賴瑞比伊麗莎白年輕20歲，兩人結婚時賴瑞39歲、伊麗莎白59歲。

現代被人稱作美魔女者幾乎多數是單身，但她們背後必定都有一個或多個交往的男人，說得更貼切些，應該和男人一直保持著親密的肉體關係；男人也一樣，例如以擁有12名妻妾揚名的楊森將軍，即使到了90歲，仍然可以娶17歲的女人為妻、生女，且一直保持活躍的性生活。

所以，持續做愛會變成習慣，不僅身體會記住這個習慣，大腦也會，所以女性即使到了更年期，這個習慣仍然是戒不掉，但因為同齡或更年長的男性這時的性功能通常已大幅衰退，熟女們要維持做愛習慣，當然要以年輕的小男人為目標對象。

Ｑ 如何避免女性因性交疼痛而逃避性愛？

Ａ 許多更年期過後的女性常因為性交之後陰道發炎，或是每次做愛後陰道就不舒服，且增加很多分泌物而困擾，「每次和丈夫行房就發炎！」這是婦產科醫師經常聽到的訴苦。

原因是女性在更年期後因為缺乏雌激素，與年輕時相較，陰道壁從原本較厚、較有彈性，退化成又薄又缺乏彈性，分泌潤滑液的功能也大幅減少，導致陰道乾澀，表皮脆弱，每逢性

交便因摩擦而破皮，除了會腫痛也容易造成感染。因此每次做愛隔天便會因難以忍受的疼痛而必須看婦產科，對丈夫的性愛邀約心生畏懼，能免則免。

　　針對這種情況，建議妳可以採取以下方法：

　　1.口服女性荷爾蒙，可改善陰道彈性。

　　2.使用雌激素凝膠，定時塗抹在皮膚或陰道壁，經皮膚吸收，可以使皮膚恢復彈性及增加分泌功能。

　　3.性交時用潤滑液塗抹在陰道口或性伴侶的龜頭上。

　　4.加強做愛的前戲，如擁抱、舔吻等，藉由此過程激蓄女人對性交的慾望，也是一場美好性愛的重要環節。

　　另一個不可忽略的原因是，男人的陰莖勃起若不夠堅硬挺直，會造成插入困難，也就無法長驅直入順利地插入陰道深處，而導致陰道口因頻繁摩擦而受傷。

　　針對這種情況，建議男性可以採取以下方法：

　　1.每個月肌肉注射1劑睪固酮。

　　2.每天口服睪固酮藥物（Andriol Testocaps）。

　　3.性交前口服威而鋼或犀利士，使陰莖能順利勃起且保持堅硬，可以順利插入陰道深處。

國家圖書館出版品預行編目資料

持續做愛不會老：婦產科名醫解碼男女更年期的荷爾蒙危機及
解救之道 / 潘俊亨著. -- 初版. -- 新北市：金塊文化, 2020.11
168面 ; 17x23公分. -- (實用生活 ; 56)
ISBN 978-986-98113-9-2(平裝)
1.激素 2.更年期 3.健康法
399.54   109016789

實用生活56

持續做愛不會老

婦產科名醫解碼男女更年期的荷爾蒙危機及解救之道

愛麗生官方LINE@好友

金塊 文化

作　　者：潘俊亨
發 行 人：王志強
總 編 輯：余素珠
美術編輯：JOHN平面設計工作室
協力製作：曾瀠倫、林佩宜

出 版 社：金塊文化事業有限公司
地　　址：新北市新莊區立信三街35巷2號12樓
電　　話：02-2276-8940
傳　　真：02-2276-3425
E－mail：nuggetsculture@yahoo.com.tw

匯款銀行：上海商業銀行 新莊分行（總行代號011）
匯款帳號：25102000028053
戶　　名：金塊文化事業有限公司

總 經 銷：創智文化有限公司
電　　話：02-22683489
印　　刷：大亞彩色印刷
初版一刷：2020年11月
初版二刷：2022年02月
定　　價：新台幣350元／港幣117元

ISBN：978-986-98113-9-2（平裝）